U0604428

中原智库丛书 · 青年系列

本书是国家社会科学基金重大项目“人工智能时代的新闻伦理与法规”（18ZDA308）的阶段性成果

智能时代的信息伦理与信息秩序建设

Information Ethics and Information Order Construction in Intelligent Age

陈亦新 / 著

图书在版编目（CIP）数据

智能时代的信息伦理与信息秩序建设 / 陈亦新著.
北京 : 经济管理出版社，2025. 3. -- ISBN 978-7-5243-0162-2

Ⅰ. B82-057

中国国家版本馆 CIP 数据核字第 2025J2M376 号

组稿编辑：申桂萍
责任编辑：申桂萍
助理编辑：张 艺
责任印制：许 艳
责任校对：蔡晓臻

出版发行：经济管理出版社
（北京市海淀区北蜂窝 8 号中雅大厦 A 座 11 层 100038）
网 址：www. E-mp. com. cn
电 话：（010）51915602
印 刷：北京晨旭印刷厂
经 销：新华书店
开 本：720mm×1000mm/16
印 张：12. 5
字 数：234 千字
版 次：2025 年 3 月第 1 版 2025 年 3 月第 1 次印刷
书 号：ISBN 978-7-5243-0162-2
定 价：88. 00 元

目　录

第一章　绪论

一、技术与伦理在智能时代的协同演变

智能时代是信息技术发展演变的产物，而智能时代的信息伦理问题，是随信息技术发展形成的信息方式提出的伦理问题的当代呈现。信息技术的变化之所以会引起伦理的变化，主要是因为信息技术作为我们认识世界的媒介，它的变化导致我们不断用新的方式来看待生存的环境，进而影响了我们的认识论。媒介环境学派认为，媒介不仅是中介性工具，而且是我们身处其中的“媒介环境”，它以“符号环境”“感知环境”“社会环境”等形式存在于我们周围，媒介传递信息，同时建构信息以及我们看待世界的方式和知识。

信息技术的发展是信息伦理学兴起的重要影响因素。现代信息技术的体系架构主要围绕信息的获取、传输、处理、应用四大环节构成。信息获取主要依赖传感技术，完成从自然信源处获取信息，并对其进行处理（变换）和识别；信息传输主要依赖通信技术，完成信息在网络中的传输；信息处理和应用，主要依赖计算机技术，完成信息的处理、存储和分析。信息技术每一次革命性的突破，都提升了信息传输的便利性，使人类社会出现全新的伦理精神和伦理理念。李伦总结了20世纪中叶以来信息技术孕育出的伦理精神和理念，包括共享与自由、信息与知识、互助与奉献、自主与平权、开放与兼容。[①] 随着人工智能的发展，数据和算法直接影响信息的价值开发和处理应用，人们越来越关注信息技术本身蕴

① 李伦．鼠标下的德性［M］．南昌：江西人民出版社，2002：12-13.

含的伦理内涵，信息伦理研究对象从人际间的道德关系扩展为人技之间、人数之间、人机之间的关系，甚至机机之间的关系，拓宽了信息伦理文化的空间。

技术发展具有双重性，信息技术为人类提供了强大的新功能，如快速检索、监督、数据链接和数据搜索，但这些功能既可以被英明地应用于伦理之上，也可以被用来制造祸害，用来暗中监视人们或从新骗局中获利。① 这是技术发展中不可避免的价值悖论，即技术可以便利人们生活，也可以使人们的道德水平下降。在智能时代，以算法为代表的技术发展提升了信息传输的速率，表现出“认识论的优越性”，但技术同时具有负外部性，负外部性在经济学中表示个人边际收益与社会边际收益的偏离，用在这里是指算法等智能技术由于自身缺陷或使用者的非正当使用，造成的技术负面效益，且这些负面效益常常表现为“伦理规范的短缺”。

由我国 2017 年发布的《新一代人工智能发展规划》来看，人工智能已经被纳入“新基建”的范畴，催生了新产品、新业态、新模式。党的二十大报告指出，要加快建设网络强国、数字中国，构建新一代信息技术、人工智能等一批新的增长引擎。近年来，国家在战略层面高度关注人工智能等新技术的发展问题，提出到 2030 年，人工智能理论、技术与应用总体达到世界领先水平。随着信息开发和应用领域的不断拓展，数字身份、算法推荐、数据新闻、元宇宙、ChatGPT 等商业化探索成果的落地给人们的生活带来了便利，但机遇与挑战并存，新的信息伦理问题随之出现，智能时代的信息伦理理念亟须与时俱进。

二、智能时代出现信息伦理新问题

法国思想家埃德加·莫兰认为，人类正处在一个不确定的时代，这种不确定性让伦理设计陷入困境。② 以中国为例，当下社会正处在由传统向现代与由现代向后现代的双重转型时期，即现代化目标（实现发达工业社会）还未实现，但

① 汤姆·福雷斯特，佩里·莫里森．计算机伦理学——计算机学中的警示与伦理困境［M］．陆成，译．北京：北京大学出版社，2006：9-10.

② 埃德加·莫兰．伦理［M］．于硕，译．上海：学林出版社，2017：12.

诸多后现代问题已经凸显，其中价值迷失和道德失序表现出社会伦理层面的断裂。① 从信息伦理的角度看，智能时代存在以下四个方面的问题：

第一，智能时代信息活动中的道德失范行为。信息活动中的道德失范问题产生于信息生命周期的全过程，涉及信息开发、信息传播、信息利用和信息组织中出现的各种伦理问题，从大处说可能会侵犯国家主权和国家利益，如信息暴力、信息霸权、信息污染等不文明现象，从小处说也可能会侵犯个人名誉、尊严、财产和隐私，如信息侵犯、信息偏差、信息异化等。目前，信息技术与信息行为之间存在更加复杂的伦理纠缠关系：一方面，技术本身的缺陷影响着人们的认知，干扰个体的信息判断。从算法技术来说，算法黑箱和算法偏见已经成为学术界共识，这对媒体倡导的以发布真实信息、传播专业知识和维护公共利益为核心的信息价值观造成威胁和冲击，过度依赖技术的工具理性导致价值引领缺失。另一方面，技术对人的思维进行反向驯化的趋势更加明显，信息沉溺现象正是技术被滥用所导致的思维反向驯化的真实写照。受技术影响，人们的思维开始向算法思维靠拢，算法思维的典型特征是标签化、数据化和评分制②，技术在从工具演变为制度权力的过程中，驱动人主动按照其规则来认知世界。技术反驯造成隐形的算法牢笼，束缚甚至扼杀信息行为主体的主观能动性，个体影响群体，进而可能会扭曲社会认知。从某种程度上说，信息活动道德失范现象既是技术权力运作的表现，也是技术权力运作的结果。

第二，智能时代信息道德观念的紊乱。这主要表现为道德相对主义、算法至上等思想在智能时代的流行和泛滥。每一次社会转型都伴随社会价值观的转型，会产生新的价值理念和新型的伦理共同体，智能时代信息价值观的转型影响着人们对数字化生存方式的适应程度，而伦理适应是多元伦理主体在价值观转型中相互摩擦、冲突并走向共识的过程，信息道德观念紊乱正是价值观转型过程中多元伦理主体摩擦和冲突的体现。

第三，智能时代道德关系的复杂变化。伴随信息技术的发展和数据解析社会的形成，许多传统意义上不在伦理范畴的事物进入伦理领域，如算法、机器人、媒介等在“人化”后被认为可以具有道德，人与技术、人与机器、人与媒介等人伦关系的出现使传统信息伦理理念失效或不再适用，造成“有伦无理”的难

---

① 李建华．伦理连接：“大断裂”时代的伦理学主题［J］．浙江社会科学，2019（7）：100-106，158.

② 刘志杰，张嘉敏．媒介生产中算法权力的扩张与规制［J］．中国编辑，2021（11）：35-38，43.

题；当然也存在用传统伦理观念看待新的人伦关系的现象，康德以来，西方伦理学的最大病根在于热衷于在“理性王国”中想象道德生活①，把人与人的关系当作逻辑关系来推演，忽视了新型伦理关系中的情感、技术、文化等非理性因素，造成当下“有理无伦”的问题。

第四，智能时代信息伦理调控机制的缺陷。信息法和信息伦理是对人们信息行为的双重规范，目前我国信息相关立法的滞后性与信息伦理相关规制的欠缺已经成为信息伦理失范的重要原因。尽管近年来我国有关信息的立法速度、频度和力度都有显著提高，但仍然存在一些问题，突出表现为：被明确禁止的违法行为不全面；算法等智能技术产生的问题的责任归属还不够明确、不够具体；算法侵权、平台侵权等内容界定模糊；对信息违法行为的处罚以罚款为主、刑事处罚为辅，显得处罚力度不够等。在信息伦理规制方面，近年来政府主导提出的信息伦理规范依然不足，尽管《关于推动平台经济规范健康持续发展的若干意见》等文件提及了算法公平、正义等信息伦理规范，但这些多是缺少具体落实的细则。直到 2023 年，我国发布《全球人工智能治理倡议》，才具体提出了人工智能治理的中国方案，凸显了对智能技术引发的社会治理和伦理风险的关切。未来，明确的适应中国语境的信息伦理规范、治理框架和审查机制有待进一步落实。

三、信息伦理的学科体系发展尚不成熟

信息伦理是一种崭新的伦理，它显然不能与传统伦理相提并论。② 信息伦理作为一门应用伦理学科，具有深厚的历史渊源、文化背景和时代背景，其发轫于计算机的出现和普及，早期着重关注计算机使用中的安全、隐私和知识产权问题，随着经典技术哲学传统的“经验转向”“伦理转向”“信息转向”，信息伦理的研究对象也从单一化向多元化转变，拓展为更广阔时空中的信息行为。信息伦理既立足现实社会，也深入赛博空间，赛博空间更强的开放性和复杂性，赋予了

① 李建华．伦理连接：“大断裂”时代的伦理学主题［J］．浙江社会科学，2019（7）：100－106，158.

② 吕耀怀，等．数字化生存的道德空间：信息伦理学的理论与实践［M］．北京：中国人民大学出版社，2018：3.

信息伦理不同于传统伦理的特性，也意味着传统伦理的学科体系应该在智能时代得到发展。信息伦理学属于交叉学科，它的发展需要不断汲取伦理学、社会学、传播学、信息科学等相关学科的资源和知识养分，但正是由于信息伦理学研究对象的变化以及多学科的交叉，信息伦理学尚未形成立足当下的、完备的学科体系。

任何一种思想理论体系都需要反映“学术规律”的学术体系、展示“叙述体系”的学科体系以及作为“表达体系”的话语体系的支撑①，信息伦理学也不例外。

就信息伦理学的学术体系而言，智能时代由于技术发展、媒介建构、数据涌现等原因出现了信息伦理新问题、新关系，需要增强信息伦理理论在当下的适用性和创新性，传统信息伦理学面临着不能适用智能时代而被弱化，甚至随着范式转移而被淘汰的困境，因此将智能时代的新问题作为信息伦理学的研究导向是建设相应学术体系的关键。

就信息伦理学的学科体系而言，智能时代信息伦理体系的概念、内涵、观点和方法都需要不断突破和发展，以解决传统信息伦理学学科体系单一、开放度不够、适应力不强的问题。

就信息伦理学的话语体系而言，传统信息伦理学的理论基础主要是西方伦理价值体系，伦理话语权“西强我弱”的格局没有改变，为此，智能时代信息伦理学科体系的构建需要勇于打破对西方伦理话语的盲目崇拜，努力实现对我国传统伦理话语的传承和创新，尝试探寻一种与时俱进的、具有普适性的信息伦理框架和多元共治的信息秩序，从多视角审视智能时代人与人、人与信息、人与信息技术，以及人与信息社会之间的关系。

由此可见，信息伦理发展与信息技术变迁相伴相生，智能时代的信息伦理失范问题不像从前那样黑白分明，传统的以人类为中心的伦理学理念正面临新的挑战。信息伦理发展与信息秩序建设是复杂的系统问题，是信息技术哲学、信息科学、信息法规与社会治理密切结合的产物，具有跨学科的基本特征，它既无法脱离技术哲学视角下对人类信息行为特征的深刻审视，又需要融入道德调节和社会治理的基本流程与框架，因此很难直接用传统的信息伦理思想构建理论模型。信

① 李建华．当代中国伦理学的际遇与机遇［EB/OL］．［2022-02-21］．https：//m. gmw. cn/baijia/2022-02/21/35531975. html.

息伦理作为传播学与伦理学交叉的重要研究领域，同样受到智能时代方法变革和价值重塑的显著影响，网络是智能时代的基础，数据是智能时代的核心要素，算法和计算是智能时代的能力①，智能时代的新要素推动了信息伦理理念的更新和治理模式的转型。任何伦理框架的提出都具有特定的时代背景，且因受到时代技术制度等因素的约束而存在局限性，传统信息伦理框架是基于互联网早期的信息活动、研究工具以及治理理念提出的，而进入智能时代后信息伦理主体和人们的日常信息行为发生了深刻变革，基于算法的信息分发应用方法发生了变化，信息生态的治理理念开始重构。因此，新的时代、新的需求呼唤新的理论构建，在智能时代思考信息伦理思想的时代新拓展，不仅是认识人与信息的关系、人与技术的关系、人在信息世界中的关系、人如何与虚拟世界中的自身相处等问题的合理途径，也是本书的价值所在。

---

① 李娟，李卓．智能时代信息伦理的困境与治理研究［J］．情报科学，2019，37（12）：118-122，133.

第二章 信息伦理的相关概念与理论基础

信息伦理成为一个社会议题和若干学科的研究对象已有多年，信息伦理的变化和发展既是智能时代的基础性研究课题，又是具有重大实践意义的现实问题。传统信息伦理是一般规范伦理学在信息活动领域的表现[①]，它探讨的核心内容既包括信息活动和信息行为本身的价值，也包括信息活动的道德标准与伦理秩序。“信息伦理”作为一个由“信息”和“伦理”构成的复合词，其语义内涵需要进一步澄清。大数据和人工智能技术的当代发展，凸显了信息的意义，为更进一步地理解信息提供了时代条件。在此基础上，信息伦理的问题探讨亦具有了认识和实践的时代意义。智能时代直接指称的是一种技术社会形态，以技术为基础的社会形态会衍生出与之协调的制度和经济形态，如智能时代的知识经济、数据解析社会形态等，当然也会衍生出相应的社会思潮和道德伦理。智能时代概念最早的提出者肖莎娜·祖博夫（Shoshana Zhuboff，1988）指出，智能时代看似仅是技术性的选择，重新定义了人们的生活环境，但这不仅代表了新技术发展的后果，更意味着新的技术从根本上重新组织了现实世界的基础设施。[②] 智能时代是信息文明的智能化发展阶段，表现为环境、活动乃至人们存在方式的智能化。人工智能的相关技术是智能化发展的关键，直接关系到人类及其信息存在方式的根本改变。智能时代的数字化、信息化和智能化影响了社会的所有维度和领域，以大数据和人工智能为纽带的信息技术创造出新的社会关系、形成新的社会结构、孕育出新的时代道德，由此汇聚成新的社会有机体和新的社会秩序，这也构成了信息伦理学所需要研究的新的问题与对象。

---

① 沙勇忠. 信息伦理学［M］. 北京：国家图书馆出版社，2004：74.

② Zuboff S. In the Age of Spiritual Machine：The Future of Work and Power［M］. New York：Basic Books，1988：5.

任何理论的构建和阐释都离不开对基本概念的厘定和适用情境的澄清，这是智能时代信息伦理立论的基础。当前的信息伦理研究包含两种范式，即哲学层面非规范的信息伦理学研究和应用层面规范的信息伦理学研究，这两种研究中产生的分歧在很大程度上是因为对“信息伦理”的内涵和概念尚未达成共识。要想对智能时代的信息伦理进行系统研究并构建相应的框架与机制，就必须根植于信息的使用语境，即回归到信息的本体论，在对“信息”和“伦理”的思想进行正本清源的基础上全面阐释信息伦理的理论内涵。“他山之石，可以攻玉。”现象学的研究方法给信息伦理问题的研究提供了方法和思路，现象学主张“悬搁前见，回到事情本身”，基于现象学“词源追溯”和“境域分析”的方法对信息伦理产生的思想源头、时代语境和学术脉络进行梳理，以厘清信息伦理的意涵和理论本质，使智能时代信息伦理问题的提出“有资可鉴”，这有利于纠正信息伦理的各种认识论偏差和理论误读。因此，本章将从对信息的理解开始，只有掌握了信息在智能时代的新内涵，才能更好地把握信息伦理的时代进路，由此构成具体的理解信息的循环机制，为伦理理论和秩序建设研究的突破提供传播学和伦理学一体化的、最基础的理解前提，这是本书的立论基础。

一、智能时代对信息的再理解

对信息概念的理解是研究信息伦理的基础。在现象学看来，人们总是要通过概念来感知和把握世界，因此对信息伦理的感知必定要以其概念为中介，概念就像界面，人们以此体验和解释信息现象。为了更好地理解概念，胡塞尔主张运用悬搁（Epoche）① 之法，即对于不同的概念、主张或理论要做到“存而不论”，移除阻碍某种现象显现或展示的各种偏见、假设和纷争，让事实展现原初的样子，通过悬搁前见而实现“回到事物本身”。悬搁的实践路径为词源追溯和境域分析，其中词源追溯是对概念的本质阐释，境域分析是概念使用的背景与环境分析。目前，不同的学科对信息有不同的定义，即使是同一学科内部对信息也没有形成统一的定义。粗略统计，国内外学者对信息的定义已经超过了 200 种，大致

① 丹·扎哈维．胡塞尔现象学［M］．李忠伟，译．上海：上海译文出版社，2007：43.

可分为科学的信息定义和哲学的信息定义两种范式。本部分基于这两种范式对信息的概念进行词源追溯，并在智能时代的境域中理解信息以及信息对人们道德生活的改变。

（一）科学的信息：可分析性、规律性和可控性

从信息的词源来看，“信息”一词最早出现在英国人 Claucer 手写的一份报告中——*Whanne Melibee hadde herd the grete skiles and resons of Dame Prudence, and hire wise informations and techynges*，其中“informations”由拉丁语转借而来，表示心智的训练和塑造。① 这是人们阐释信息这个概念的源头，在上述报告中，信息并非特有的事物，而是一个过程，在这个过程中人们的心智得以形成。在汉语中，“信息”一词较早地出现在古代的诗词里，如“塞外音书无信息，道傍车马起尘埃”和“梦断美人沈信息，目穿长路倚楼台”。由此来看，在古人的咏叹中信息多指“消息”“音讯”，或是《辞海》中强调的消息的具体内容。整体来看，早期信息的概念总是和意义关联，且意义并不是产生于发送者传输的信息本身，而是信息接收者的心理。信息可以理解为一种符号，但只有对接收者有意义的符号才是信息。信息作为一种符号，它可以被量化和计算。牛津词典援引了哈特利对信息的阐释，即“人们的工作就是把符号序列的对数看作信息的实际计量”，这表明信息是独立于意义的符号的概率。② 这一概念对香农提出信息的概念有重大影响，也开启了通过技术和科学发展来定义信息的范式。

对信息进行科学定义是沿着媒介变迁的历程，尤其是通信技术发展的路径进行的。人类社会的发展经历了史前时代、历史时代和超历史时代，其中在史前时代，人们还没有使用通信技术，这一时期还没有人关注信息；在历史时代，人们经常使用通信技术记录和传递信息，但这一时期人类更离不开的是同基础性资源和能源相关的技术，信息的记录和传输并不总是必要的；到了当下所处的超历史时代，信息和通信技术开始频繁地、自主地去处理和传输信息，人类社会的一切创新、福利和创造都依赖于信息，人类的一切生产和生活都与信息休戚相关。③

① 罗伯特·K. 洛根. 什么是信息［M］. 何道宽，译. 北京：中国大百科全书出版社，2019：15.

② Hartley R V L. Transmission of Information［J］. The Bell System Technical Journal，1928，7（3）：535-563.

③ 卢西亚诺·弗洛里迪. 第四次革命：人工智能如何重塑人类现实［M］. 王文革，译. 杭州：浙江人民出版社，2016：7.

如果进一步细化，可以将信息连同通信技术的发展过程分为两个阶段：1948 年香农提出信息论之前的自发阶段，以及信息论提出之后的自觉阶段。[①] 所谓信息发展的自发阶段，就是技术发展超前于科学的时期，借助新的技术，信息在传输时已经具备独立性，但在科学理论的视野下尚没有获得突出的地位。从莫尔斯发明电报开始，以电为载体的近代通信技术的发展解决了信息传输的时效性问题，催生了新闻业，之后电话、无线电报、留声机、雷达系统等一系列发明进一步影响了信息传输的速率。综观信息发展的自发阶段，人类从经验出发，艰难地制造出具有通用性的信息处理机器。但随着生产和生活中信息量的增加，人们意识到需要找到信息行为、逻辑和万物之间的规律，信息的通信传输、计算、加密都需要有理论的支撑，需要为信息建立一个有数学基础的系统模型。于是，关于信息的理论从 19 世纪开始出现，让人类对信息有了更深刻的理解，为电子计算机、手机、晶体管的出现提供了理论支持，使人类少走了很多弯路。在信息发展的自觉阶段，香农信息论的提出意义深远，香农不仅为人类指明了改进通信技术的方法，而且其对信息本质的认识，是一种全新的世界观。

香农在《通信的数学理论》一书中指出，通信的基本问题是在通信的一端精确地或近似地复现另一端所挑选的信息[②]，为此他尝试找到一个量，以对消息、选择和不确定性进行度量，而这个量就是信息。香农把信息视为消除信宿对信源发出消息的不确定性的量，而信息量的多少反映了消除不确定性的程度。香农还利用热力学中的熵定律对信息进行研究，提出了“信息熵”概念，把信息熵看作对信息“无序化”的测量。香农对信息的定义是基于通信科学视角提出的，在此视角下，信息是一个与消息概率有关的技术性术语，同时其提出的信息熵公式为信息与物理学的联系搭建了桥梁。控制论的创始人维纳这样定义信息，即“信息这个名称的内容就是我们对外界进行调节并使我们的调节为外界所了解时而与外界所交换来的东西”[③]，这里的“交换”在一定程度上是指通信。维纳还提出了“信息量就是负熵”[④] 的观点，这和香农对信息的理解达成了共识。在第一次召开的梅西控制论会议上，香农和维纳进一步推动了对信息的理解。他们

---

① 吴军．信息传［M］．北京：中信出版社，2020：16.

② 克劳德·艾尔伍德·香农．通信的数学理论［M］．贾洪峰，译．上海：上海市科学技术编译馆，1978：7.

③ 维纳．人有人的用处：控制论与社会［M］．陈步，译．北京：北京大学出版社，2010：9.

④ 维纳．控制论［M］．王文浩，译．北京：商务印书馆，2020：65.

提出，与信息的载体不同，信息是一个独立实体的概念，信息被视为没有具体形态的流，它可以在不同的载体间传递和流通，信息的意义和本质在其间都不会消失。[①] 香农和维纳都没有考虑信息的语境，有观点认为，他们是为了使信息在不同的环境下保持稳定的值而有意为之，即他们把信息和意义分离开来，让信息可以被计算、被概念化处理，并在不同的物质间流动，这让信息的量化管理成为可能。

尽管香农和维纳对信息的定义并没有得到所有领域的认可，但当下对信息的再认识依然意义重大。这种意义可以归纳为一种“信息论的世界观”[②]，以信息的可分析性、规律性和可控性为指导原则。

首先，香农和维纳对信息的定义隐含着把物质世界看作信息处理器的观念，这正符合沃里对世界的看法。他指出，香农信息论提及信息可以通过数学公式计算，世间万物经由信息可形成不同的数学关系，那么利用图灵机就可以实现任一数学计算，因此世界就是一个真实的而非隐喻的图灵机，是永恒计算的一部分[③]，人也似一个计算机。在这种观念的基础上，现实世界可以作为信息聚合体被分析，虽然其中的许多信息因素是彼此分离的，但可以在数学逻辑上加以确定。就像个体身上负载的许多可被采集的信息一样，这些信息可以被用来对行为主体做进一步的分析。

其次，香农用数学公式解释信息，这意味着信息科学倾向于寻找现象后面隐匿的数学运算法则。[④] 在智能时代，现实中发生的事件可以被电脑程序模拟，可以被人工智能算法解释。基于此，如果我们可以编写一段令人信服的模拟人类行为的程序，那我们就可以构建一种智能实体，这正是图灵实验的出发点。

最后，信息的可计算性增强了人们对现实世界的预测能力和掌控能力。以遗传工程的研究为例，人类不再局限于掌控物质和能量，而是开始直接去把握包含在自然法则中的信息。尽管信息使人们能预测世界的发展，但并不意味着万事皆可控，因为预测和控制的每一种尝试，都有可能出现不确定的结果，就像算法程

---

① 凯瑟琳·海勒．我们何以成为后人类：文学、信息科学和控制论中的虚拟身体［M］．刘宇清，译．北京：北京大学出版社，2017：4.

② 约斯·德·穆尔．赛博空间的奥德赛：走向虚拟本体论与人类学［M］．麦永雄，译．桂林：广西师范大学出版社，2007：119.

③ Woolley B. Virtual Worlds：A Journey in Hype and Hyperreality ［M］. Oxford：Blackwell Publishers，1993：46.

④ 约斯·德·穆尔．赛博空间的奥德赛：走向虚拟本体论与人类学［M］．麦永雄，译．桂林：广西师范大学出版社，2007：120.

序之间信息关联的复杂性和意外的干扰会阻碍人们掌握自己的命运，出现主体性丧失情境，但是人们对信息的探索和分析不会停止，人们会努力去掌握那些控制人类世界的法则。

基于技术发展的视角检视信息概念可以发现，信息概念从最初的心理概念转化为技术概念，为适应媒介发展的各种功能，信息概念被除去了心智功能。信息作为技术概念在哈特利、香农、维纳等的研究中发展起来，在计算和通信领域发挥了重要作用，为信息时代的出现奠定了基础。[①] 然而，科学的信息概念剥夺了信息的核心语义，换言之，在特定的语境中，明确统一的信息概念是否还能讲得通，确定信息特色鲜明的、更丰富的功能和内涵是十分必要的。

（二）哲学的信息：自在、自为和再生

科学的信息定义基于不同学科的目的具有各自的合理性，但从本体论视角来看，为信息这样一个重要概念进行形而上的哲学定义也是很有必要的。维纳提出“信息就是信息，不是物质也不是能量”[②] 的观点之后，信息的本质问题就引起了学术界的关注。卢西亚诺·弗洛里迪和邬焜先后指出，信息哲学是元哲学或第一哲学，他们通过对信息本质的把握，实现了信息哲学对传统哲学的超越。

信息的本质包括信息的哲学形态和信息的形式。在卢西亚诺·弗洛里迪看来，“信息的本质是什么”是一个非常难回答的问题，因为他认为回答这个问题很容易让人陷入本质主义或基础主义的困境。受笛卡尔二元论的影响，对于信息既不属于物质，也不属于能量，还不完全属于精神的观点，卢西亚诺·弗洛里迪发出了“如果不用笛卡尔二分法，那信息是否还能构成一个独立的本体论范畴”[③] 的疑问。为此，卢西亚诺·弗洛里迪对信息的认识采用了 LIR 逻辑，LIR 逻辑是一种新的非命题式的逻辑，即一种在事物发展变化过程中思考信息是什么的逻辑，它鼓励接受和使用那些部分相冲突的信息理论和观念。[④] 他基于 LIR 逻辑为信息的理解提供了三条原则：第一，信息是“多样性中的统一”，对信息的定义是一种辩证的研究路径，他认为信息可以但不局限于三种形式：①作为实在

---

① 罗伯特·K. 洛根. 什么是信息［M］. 何道宽，译. 北京：中国大百科全书出版社，2019：14.

② Wiener N. Cybernetics, or Control and Communication in the Animal and the Machine［M］. Cambridge: The MIT Press, 1985: 132.

③ Floridi L. The Philosophy of Information［M］. Oxford: Oxford University Press, 2011: 61.

④ Brenner J E. A Logic of Ethical Information［J］. Knowledge, Technology & Policy, 2010（23）: 109-133.

的信息，如物理信号等，这些信息没有真伪之分，只是一种物质实在；②关于实在的信息，如语义信息等；③为了实在的信息，如遗传信息、处方信息、算法信息等。[①] 第二，信息具有结构属性，任何层次的信息都可以共享更高或更低一层信息的结构属性，比如，他认为意义是更高层次的信息，把信息和意义作为一种改变信息文本的潜在的或现实的机制进行分析是有必要的，这其实潜在提供了信息理解的符号学路径和语义学路径。第三，信息承载价值，与数据不同，信息不能轻易地将其从载体中拆解出来，这对后来信息和数据的区分提供了帮助。

邬焜是信息哲学的奠基人之一，他把信息作为一种普遍化的存在形式、价值尺度、认识方式、进化原则来探讨，构建了由信息本体论、信息价值论、信息认识论、信息进化论等组成的信息哲学理论。他将信息定义为，信息是标志间接存在的哲学范畴，是物质（直接存在）存在方式和状态的自身显示。[②] 具体来说，间接存在包括客观间接存在和主观间接存在，自在信息是客观间接存在的标志，它是信息还未被主体认识的原始形态，信息场、信息的同化和异化都是自在信息。“场”不仅包括宏观的信息场、舆论场，也包括微观的量子场，当信息场作用于其他物质时，会将信息场中的信源传递给信宿，对于信源而言，这是信息的同化过程；对于信宿而言，这是信息的异化过程，物质在信息的同化和异化中实现自身的普遍信息化。正是因为所有物质都是在历史和现实的相互作用中生成与进化的，所以一切物体都既是物质体又是信息体，是直接存在和间接存在的统一体。自在信息活动是最基础的信息活动，其他更为复杂的信息活动都基于此而展开。自为信息是主观间接存在的初级形式，是个体直观把握的信息。再生信息是主观间接存在的高级形态，是主体创造的信息，它必须以某种具有思维能力的信息控制系统为载体，而人的思维的本质正是个体对信息加工的主观创造的过程。自在、自为和再生三种信息形态有机统一而呈现出的综合的、独立的信息是社会信息，即人们认识和创造出的信息世界。为此，邬焜认为，世界的哲学构成包括一个物质世界和三个信息世界：物质世界、自在信息世界（以客观信息体的方式存在）、自为和再生信息世界（以主观精神活动的方式存在）、文化信息世界（以人类创造的再生信息的可感性外在储存的方式存

---

① Floridi L. Open Problems in the Philosophy of Information [J]. Metaphilosophy, 2004, 35 (4): 554-582.

② 邬焜，布伦纳，王哲，等. 中国的信息哲学研究 [M]. 北京：中国社会科学出版社，2012：133.

在)[①]，这四个世界相互交织，共同形成人类对世界的认识图景。总之，邬焜对信息的哲学理解坚持了唯物主义立场，指出信息是物质并以物质的形式存在，同时指出，信息具有相比于物质（直接存在）的独立性，即信息标志着间接存在，这种高度概括的定义具有很强的说服力。

邬焜和卢西亚诺·弗洛里迪作为中西方信息哲学的代表人物，对信息的诠释既有不同之处也有相同之处，都具有一定的启发意义。一方面，他们对信息本质的理解存在定义上的分歧。邬焜认为，对信息的理解建立在技术全面改变人类生存世界以及自组织理论、复杂性理论等改变科学态度的基础之上，他强调在理解信息概念时要坚持唯物论和辩证法的统一；卢西亚诺·弗洛里迪几乎没有对信息概念做出解释，他认为对信息下定义要避免陷入本质主义的困境，对既不是物质，也不是能量，还不完全是精神的信息，需要进行本体论解读，需要在特定境域内理解信息。另一方面，他们都认为信息相关理论的产生具有必然性，信息的内涵在具体内容和形式上表现出多样性特征。他们都从信息的维度认识和反思人类的生存状态，都重视信息相关伦理理论、哲学理论的发展，都认为人的存在方式的复杂性和多样性会使伦理和哲学表现出多样的形态，信息哲学、信息伦理等正是时代境域的映射，信息伦理和信息哲学并非要以“信息”来消除伦理或哲学的多样性，恰恰相反，信息的相关理论正是要力图探索出一条伦理或哲学的创新之路。

综合来看，信息的哲学定义是对传统哲学单一实体性思维方式的变革，以前人类的存在形式是物理实体，尽管信息对人们生存的影响一直都有，但人们对信息全方位开发利用的水平依然有限，而随着人们进入“实体+信息”的生存环境，人类也呈现“实体+信息”的存在形式。自亚里士多德以来，实体存在是哲学研究的基础，即便是精神，也常冠以“精神实体”。人们在实体或身体维度下，不断引入对时间、空间的思考，直到胡塞尔提出现象学，人们才开始初步理解意识的信息化呈现。信息的哲学定义沿着这样一种超越实体思维的哲学路径，把能动地开发、传播、利用和创造信息视作人类社会的本质，开发、传播、利用和创造信息的间接化程度则被视为人类社会进化的尺度。不同于能量守恒与不能被创造，人们可以无止境地创造信息，从这个角度来说，人类生产和生产力的本质就是信息生产和信息生产力。信息创制、处理和传播的网络化方式是建立一个

① 邬焜，布伦纳，王哲，等．中国的信息哲学研究［M］．北京：中国社会科学出版社，2012：72.

新兴民主社会的技术前提。①

（三）智能时代的数字化信息：关系性、涌现性和共享性

根据前文对“信息”的词源追溯可以看出，信息既属于物性，因为信息的出场总是有媒介呈现；信息亦属于人性，信息和人类生存具有相互影响和相互构建的作用，因此，信息是联结物质与意识的“中介”。现象学反对对立的二分法，从前文的词源追溯中可以发现，“信息”概念存在范式分歧，故概念探讨需要回到具体境域中。境域本指国家或地区的疆域，表明事物的边界和范围，就认识和理解概念来说，胡塞尔把境域看作概念的应用背景，在本书中，“信息”的境域指的是在智能时代诠释信息的本质。在从自然发展的人类智能到人类主动推进的人工智能，再到超越图灵奇点的机器智能，智能时代蕴含着人类及其生存环境的整体的智能化发展，在这个过程中，以信息方式存在的人不断地从各种物质束缚中解放出来，提高个人的存在层次，进而推动人类文明向更高层次发展。②智能时代的发展依靠技术进步，因此智能时代对信息的理解基本依据通信科学的概念构架进行，对其境域的考察涉及信息的发出方、接收方和发送渠道。以新闻传播领域为例，该领域尤其关注信息的发送渠道，即传播媒介。麦克卢汉认为，“媒介即信息”，这包含着两层含义：其一，媒介能影响人的信息感知结构，如冷热媒介造成了人对信息的接收程度的差异；其二，旧媒介多是新媒介的内容，如口语是文字的内容，文字是印刷书籍的内容，图像是电影的内容，电影影像又是电视的内容，而互联网和物联网实现了“万物皆媒”的景象。从这个角度来说，信息的传播媒介不仅是信息传播的中介物和载体，而且是独立的信息客体，传播媒介蕴含着信息在不同社会空间中流动和演变的规律。随着智能媒介终端的普及和网络基础设施的发展，信息生态形成了一个多行动者网络，而信息生态中涌现出的海量的新技术和新平台，使多层级的复杂行动者网络改变了传统信息系统的结构模型和运作模式。

正是由于信息生态中多行动者的出现，人们对信息的理解需要基于一种关系视角，即从事物间的普遍联系和相互作用的角度理解。智能时代的信息是关系性的：在大数据和人工智能的推动下，对信息的量化往往基于数据的编码化和结构

① 邬焜，布伦纳，王哲，等．中国的信息哲学研究［M］．北京：中国社会科学出版社，2012：124.

② 王天恩．信息文明与中国发展［M］．上海：上海人民出版社，2021：53.

化，经由对不同事物的测量和感知，数据作为一种底层原始记录，反映着事物的变化，对数据进行加工、整理和分析，可以生成更多有意义的信息，对众多信息进行积累、提炼和总结，可以创造出新的知识，于是人类才能更有智慧、生生不息。从质性维度看，信息反映着信息的传出和接收关系。[①] 这表明信息关系中的信源和信宿相辅相成，可以互相影响。有学者从信宿感受性的发展角度理解关系，认为信宿之所以为信宿，在于其具有感受性；信源之所以为信源，则在于其具有可感受的特质。[②] 就像我们对一片绿叶的感知，绿色是一种可感信息，但绿色不是树叶本身的性质，也不是我们眼睛的特性，而是在树叶反射的光波和眼睛感受的共同作用下产生的，如果树叶和眼睛相互的感受性关系消失，则绿色信息也就消失了。因此，信息是在信源和信宿的互动中产生的，关系性是信息的根本属性。换言之，虽然人们对信息的理解各有不同，但都需要建立在关系范畴之上，亚里士多德认为，“关系存在于事物中，一个事物可以依靠自己的特征与其他事物建立关系”，而在梳理关系时，现象学主张用“意向性”来表明关系的形成与演化过程，意向性不存在于任何独立的主客体之中，而是存在于主客体关系本身，承载着“意义”的关系就是信息。[③] 沿着这个思路理解信息概念，有助于将信息融入物质、意识和意义统一的单一理论中，本书在此处对其进行论述，目的在于寻找一种可以界定和理解信息概念的合理方式。然而，不同于物能资源的不可再生性，信息资源往往取之不尽、用之不竭，同时智能技术的发展让信息的感受性关系日益开始显现，使当下信息资源的开发利用价值越来越大。智能时代是一个具有超记忆性、超复制性和超扩散性的时代，所有信息都可能被随时获取和扩散，智能算法、平台等新事物给信息生态带来了更多不确定性，使承载“意义”的关系不断变化，进而增加了信源和信宿之间关系的复杂性，意味着人们要在多行动者网络关系中认识智能时代的信息。

信息的感受性关系表现为信息的涌现。涌现是指系统中微观个体遵循简单的规则与行为，通过相互作用产生一些新的功能、属性或规律的现象。[④] 涌现性是复杂系统的典型特征，在信息系统中，个体的信息行为和算法推荐会促使复杂的

---

① 刘长林．论信息的哲学本性［J］．中国社会科学，1985（2）：103-118.

② 王天恩．信息及其基本特性的当代开显［J］．中国社会科学，2022（1）：90-113，206.

③ 万里鹏．信息生命周期：从本体论出发的研究［M］．北京：北京师范大学出版社，2015：35-48.

④ 范如国．平台技术赋能、公共博弈与复杂适应性治理［J］．中国社会科学，2021（12）：131-152，202.

集群行为和信息秩序的涌现，其中既有关系、知识、思维模式等意义层面的涌现，也有生活方式、行为模式等结构层面的涌现。尤其在人工智能技术的推动下，高层次的信息体涌现层次更高，必须通过对其内部信息机制的理解，才能控制或重建信息体。① 例如，简单的物能产品可以通过模仿或复制二次获得，但高层次的信息产品，多数情况不可模仿。一方面，这使信息的演化具有不可逆趋势，就像舆论场中某种观点的信息一旦涌现，便难以收回。另一方面，智能时代出现的虚拟人物、数字身份，可以被视为高层次的信息体，它们不可能完全通过其物理实体进行还原倒溯，即物理实体与虚拟信息体总会有区别，即使区别很小，但也依旧存在，两者不可能完全复刻，这都说明信息具有存在论意义上不可还原的涌现性。信息的涌现是普遍存在的，信息的演化过程是不可逆的，因此信息关系的形成也不可逆，信息关系的形成正是信息涌现的结果。

智能时代信息的另一个重要特点是共享性。从信息的关系性和涌现性视角理解，不同的信宿可以与同一信源建立感受性关系，但这并不影响信源本身。信息的共享性对于理解人类自身和社会的发展都有重要意义。但信息的共享性为信息保护和稳定信息秩序带来了麻烦，在智能时代，信息的共享性是否意味着所有信息都不会再消失、信息不能被删除与被遗忘，基于信息共享性的讨论具有重要意义。与此同时，信息的共享特质使智能时代的信息文明成为一种共享文明，信息共享改变了曾经人们因共享范围有限而频繁产生物质利益冲突的状况，随着信息分享者的增加，信息分享的代价趋向于无限小。信息不对称是共享文明发展中出现的矛盾，之前由于技术基础和物质水平的差异造成公共信息的不对称，表现为人们日益增长的物质文化需要同落后的社会生产之间的矛盾，即技术和物质匮乏与人们对信息的需求层次不匹配，而在实现信息共享的智能时代，信息的不对称更加与人的需要发展有关，正如我国社会矛盾已经转化为人民日益增长的美好生活需要和不平衡不充分的发展之间的矛盾一样，其中就包括人们的需求与信息不对称发展的矛盾，智能时代未来的发展过程就是一个不断消除信息不对称的过程。

从信息概念自身的演变历史来看，无论是在信息科学领域，还是在社会科学领域，信息所指涉的内容与含义都是具体而确切的，也可以说，信息总是在不同的境域中得到可操作性的约定。② 本书要探讨的智能时代的信息伦理问题既涉及

---

① 王天恩．信息及其基本特性的当代开显［J］．中国社会科学，2022（1）：90-113，206.

② 万里鹏．信息生命周期：从本体论出发的研究［M］．北京：北京师范大学出版社，2015：34.

最为普遍的信息行为和信息活动，也包含具体情境中的信息问题，显然这里所指的信息是一个宽泛的“底层”概念，需要考虑信息行为主体、客体、过程以及环境的“全景式”的信息构图，而在此过程中，明确智能时代数字化信息的特征是探讨信息伦理的逻辑前提。

在智能时代，关系性、涌现性和共享性是理解信息的新前提和新起点，信息在信源和信宿的互动关系中创生，不同信宿可以与同一信源建立关系，实现信息的共享性，信息的传播与流动并不遵循能量守恒定律，信息演化是不可逆的过程，具有存在论意义上不可还原的涌现性。在信息技术的推动下，信息对人们生活的广泛渗透和改变表现为技术的信息技术化、思维的信息思维化、实践的信息实践化等过程大量涌现，信息概念本身就是复杂的，围绕信息开展的各种实践活动，其复杂程度也远高于过往的物质实践。那么，当信息的复杂性遇到信息行为主体的复杂性时，便会使信息的意义和结构发生诸多改变，但这些变化不会动摇包含生命、自由和公平的人类核心价值，以智能技术和信息为基础的社会仍然需要相应的道德和伦理。[①] 换言之，社会的发展离不开信息伦理的指导，基于智能时代信息的新特征而建立的信息伦理更是不可或缺的。

二、信息伦理的立论基础与原则

任何一门学科的建立和发展都不是孤立的，而是借助和汲取相关理论的养分作为立论基础，信息伦理也是如此。传统信息伦理是一般规范伦理学在信息活动领域的表现[②]，规范伦理学的伦理理论和分析工具成为信息伦理的立论基础。规范伦理学以现实世界中人们的道德关系、道德行为和道德意识为研究对象，基于哲学世界观去探讨人的意义、社会价值和人们在社会生存中的道德行为准则，其侧重于道德原则的理论诠释和现实应用。但是，不同的伦理理论之间也可能存在争议，有时甚至会产生截然对立的观点，从这个意义上说，信息伦理研究不仅要吸取相关理论资源来构建自己的理论，还要求同存异地确定信息伦理的立论原

---

① Tavani H. Ethics and Technology-Ethical Issues in an Age of Information and Communication Technology. 2nd ed [M]. New York: Wiley, 2007: 12.

② 沙勇忠．信息伦理学［M］. 北京：国家图书馆出版社，2004：74.

则。本部分主要从目的论、义务论、德性论和马克思主义伦理四个方面阐释信息伦理的立论基础，并在此基础上说明信息伦理原则。

（一）信息伦理的立论基础

1. 目的论

符合伦理要求的信息行为应该是具备道德的良善行为，是信息主体出于信息需要而对信息的道德传播、道德接受过程，这一过程具有鲜明的目的性。因此，如何判断信息行为是否符合道德要求和伦理期待，直接决定和影响着信息伦理研究的思路和结论。规范伦理学中的目的论是指将道德行为的目的性意义和可能产生或已经产生的实质性价值（效果）作为道德评价标准的伦理理论。[①] 借助目的论来评判伦理行为是将行为的结果作为依据，如果一个行为产生的结果是“善”的，那该行为就是符合伦理期待的行为，反之则不是。目的论并不关注行为主体的动机、行为产生的过程，而是一切以“结果”为导向，正因如此，有学者提出用“结果论”替代目的论。目的论包括利己主义目的论和功利主义目的论，利己主义目的论以自我的幸福快乐为最高追求，功利主义目的论则将“最大多数人的最大幸福”作为结果的道德评判依据。目的论的优点在于它既强调了个人幸福在伦理道德中的重要作用，也包含了平等观念，讲求社会利益，是兼具效用和效率的伦理理论。

目的论为信息伦理研究提供了理论基础，有着重要的借鉴意义，具体来说主要体现在以下三个关键方面：

第一，目的论强调信息活动的目的性价值和意义，并不关注信息活动产生的背景、过程等，判断信息活动是否符合伦理道德依据其是否产生了“善”的结果。正是这样，那些“好心办坏事”的信息行为并不能得到伦理层面的包容。

第二，目的论强调信息主体给个人或社会带来的实质性的利益和价值，其重心并不是信息活动给个人或社会带来的道德正义感。正是这样，那些“无心插柳柳成荫”的信息行为是伦理层面所鼓励的，如国际舆论场中的“信息战”，其体现的是国家利益高于一切。

第三，目的论对人们的信息行为具有明显的价值激励和道德引导作用，无论其道德目的性价值的取向如何，目的论通过伦理准则来规范人们信息行为的意图

① 万俊人．寻求普世伦理［M］．北京：北京大学出版社，2009：71.

总是极其明确的。

当然，目的论也存在一些问题。一方面，仅依据行为活动产生的结果来判断行为是否符合伦理期待，既会混淆道德行为和非道德行为（如经济行为与一般社会行为），也会由于存在以非道德或超道德的标准来评判行为的伦理价值的现象，进而丧失道德判断的独立性，这尤其体现在“善”的标准千差万别而造成的判断分歧。另一方面，信息行为的目的经常与人的主观需求或欲望联系在一起，但普遍有效且适用于社会发展的伦理规范不能建立在主观目的的基础之上，否则极易走向道德相对主义。

2. 义务论

信息伦理关涉信息活动全程，从信息开发、信息传播、信息利用到信息组织的任何一个环节都涉及伦理应用的场景，也就是说，信息活动是否符合伦理规范不能只依据其结果来判断，单一的目的论不能支撑信息伦理的完整立论。规范伦理学中的义务论采取了与目的论截然不同的理论进路，主张对某一行为的善恶判断不能依据其是否带来了实质性的利益或价值，而应该关注行为的道德动机以及行为过程的伦理合理性。康德和罗尔斯是义务论的代表人物。

康德认为符合道德的行为应该是人们尊重权利或履行义务的行为，他提出了三条道德律令，以此阐释任何具有道德意义的行为都应该是基于伦理义务而产生的，无论该行为会带来怎样的实际利益，其行为的出发点必须是“善良意志”或是“为义务而义务”。[①] 康德的道德律令具有尊重他人的包容性，避免了利用信息行为结果评判行为善恶的目的论的缺陷。有学者认为，康德的伦理主张为人们的信息行为提供了一种神圣的道德指引，强调尊重他人的核心特征赋予了其道德律令永恒的生命力。[②] 罗尔斯提出了基于“正义”的义务论，认为一个行为的道德基础是坚持正义的原则，他所指的正义包含“自由”与“平等”的相互协调，强调信息行为不仅应保障人们基本的自由权利，而且要在保障机会公平的情况下，尽可能地关心弱势群体，其内在包含了共同富裕的价值理念。

义务论进一步为信息伦理的研究打开了思路，尤其是对他人权利和社会共同利益的考量，使其具有普世性的视野，对信息行为全流程中伦理道德关系的分析也避免了目的论唯结果论的弊端。但是，义务论也并非完美的，其有时无法确保

① 万俊人．寻求普世伦理［M］．北京：北京大学出版社，2009：72.

② 何怀宏．伦理学是什么［M］．北京：北京大学出版社，2002：49.

伦理准则在具体情境中的应用，康德的道德律令过于绝对化，因此被诟病为极端形式主义的伦理学。

综合来看，目的论和义务论形成了相互对立的伦理思路：目的论注重结果，提出有条件的责任和实质性的伦理标准，且这种标准是达到最大善和最小恶的集合性标准；义务论注重过程和关系，提出绝对的责任和形式上的伦理标准，且这种标准是区分善与恶的分配性标准。[①] 两种伦理理论路径存在分歧，有很多值得进一步商榷的地方，信息伦理的建立并非在两种伦理理论的基础上进行简单的反思和检讨，而是在综合不同理论经验与方法的同时，尝试建立一种更普遍的、合理的伦理学理论。目的论和义务论都关注普遍伦理规范的构建，但它们都忽视了现代社会中个体和群体道德品质的重要性，缺乏对个体道德品质和社会道德价值观的核心关怀，回归伦理本身，寻找有益的道德文化滋养是信息伦理构建的必要选择。

3. 德性论

德性论是以个人内在品德的完成为基本价值（善与恶、合理与不适）尺度或评判标准的道德观念体系。[②] 德性常被用来形容一个人的道德品质及品性，正如孔子所言："从心所欲，不逾矩"，德性是个人在长期成长中积淀下来的特征，外化为个人交往和处事中的习惯与方式。信息伦理行为的产生离不开个体与群体的互动，个体德性与社会德性总是在深刻影响着信息伦理的发展，成为信息伦理重要的理论基础。中西方文化都重视德性的培养，长期以来形成了以孔子、孟子和苏格拉底、柏拉图、亚里士多德为代表的中西方德性伦理学者，中西方伦理文化背景既有差别，也有相似之处，展开中西方德性伦理的时代对话，是信息伦理发展的重要途径。

德性论的发展始于古希腊中期，从《奥德赛》到雅典城邦中的各种演说，蕴含在古希腊人血脉中的伦理价值得到了彰显：追求人生的欢乐与幸福、追求个人的卓越与优秀、追求人类的理性与求知、追求城邦的正义与和谐。这些伦理主张渗透在人们的日常生活中，而苏格拉底是将道德观念理论化的第一人，后来柏拉图、亚里士多德等多方努力，将个人美德拓展到了公民美德的社会伦理领域。与西方德性伦理形成对应的是中国古代以孔孟道德为代表的德性伦理。孔子倡导

① 艾伦·格沃斯，等．伦理学要义［M］．戴扬毅，等译．北京：中国社会科学出版社，1991：84-91.

② 万俊人．寻求普世伦理［M］．北京：北京大学出版社，2009：78.

“主忠信、徙义，崇德也”，注重个人内心的修行。《论语》中出现最多的概念就是“仁”和“礼”，以“仁”为道德之根本，把人之善心善性作为德性修炼的目标，注重自主、自律和自觉，这代表了中国古代德性伦理的基本思维路径①，并一直影响着中国人为人处事的习惯与品性。

中西方德性论的共同点为信息伦理立论奠定了基础。第一，中西方德性论都主张并重视对人的德性教化。苏格拉底的“美德即知识”和孔子“文、行、忠、信”的思想，对人德性的引导和社会优良道德环境的培育共同影响着社会发展。这给信息伦理研究提供了思路，驱使信息行为符合道德规范，其核心在于保证信息主体坚守伦理道德。第二，中西方德性论在现实实践中都坚持“允执中道”的原则。无论是亚里士多德提出的用“中道”区分好德性与坏德性的方法，还是中国的“中庸之道”、过犹不及，都显示出中西方德性论的兼容和共享理念，这也为信息伦理在多元语境中尝试走向普世伦理提供了思路。然而，随着注重社会秩序发展的规范性伦理取代德性论成为现代伦理发展的主流，麦金尔太担忧：没有个体和群体德性的保证，再好的规范性伦理准则或许也只能成为时代的浮萍，难以解决实际的问题。② 麦金尔太的担忧并非没有道理，对于信息伦理而言，规范性伦理与德性论的结合显然是最合适的选择。

4. 马克思主义伦理

根据上述部分可以看出，目的论和义务论侧重于通过伦理规范进一步完善社会秩序，德性论侧重于个体或群体德性的养成，传统信息伦理正是在吸取上述西方伦理资源的基础上使道德“内外兼修”，形成信息主体的自觉与社会的伦理规制、自律与他律相统一的作用机制。然而，智能时代的到来给信息伦理研究带来了新问题。例如：信息伦理主体从人类拓展到由人类、技术、媒介、数据等组成的信息共同体；信息伦理现象的发生场域更多从物理空间转向虚实相生的信息世界；具身传播、人机共生、人机互动等现象衍生出的人与信息、人与技术、人与媒介等多重复杂关系使信息伦理结构发生了改变。这些智能时代出现的新现象、新问题使传统信息伦理亟须注入新的理论资源养分。马克思主义伦理超越了单纯的目的论、义务论和德性论，是一种具有整体性、关注复杂关系、超越形而上学、辩证的伦理思想，与智能时代的信息伦理思维方式有着内在一致性。

---

① 万俊人．寻求普世伦理［M］．北京：北京大学出版社，2009：82.

② 樊浩．伦理精神的价值生态［M］．北京：中国社会科学出版社，2001：26.

马克思主义伦理既包括马克思、恩格斯的伦理思想和方法，也包括中西方众多马克思主义者的伦理思想及其对马克思主义命题的诠释。马克思主义伦理可以为智能时代信息伦理的研究提供理论指导和方法指引。一方面，将马克思主义伦理中的技术伦理、社会伦理等理论成果与智能时代的社会现实结合起来，可以为信息伦理的研究提供新的视角。另一方面，中国化的马克思主义伦理思想对于立足中国社会的信息伦理研究有着重要的意义。中国化的马克思主义伦理思想在我国几代领导集体的道德实践中得到传承与发展，它是马克思主义伦理思想与我国道德实践相结合的产物，具有鲜明的中国特色、中国风格和中国气派。社会主义核心价值观明确提出了伦理道德维度的价值目标，包括富强民主文明和谐的国家伦理维度、自由平等公正法治的社会伦理维度以及爱国敬业诚信友善的个人伦理维度，中国化的马克思主义伦理思想既明确了伦理在社会秩序中的作用，也强调了个体和群体提升道德素养、进行自我完善的重要性，是对以往规范伦理和德性伦理的发展和超越。

马克思主义认为，批判继承和超越创新是辩证统一和相辅相成的，批判继承是超越创新的基础性步骤，没有批判继承，超越创新就是一句空话；超越创新构成批判继承的目标指向或价值目标，不能导向超越创新，批判继承就没有什么实际性的意义。[①] 因此，我们在进行信息伦理研究时应该从创造智能时代新伦理文化的需求和价值出发，以马克思主义伦理思想为指导，立足全球信息生态系统，批判继承传统信息伦理思想的精华，既要大胆借鉴外国伦理文化（包括西方伦理文化）的合理因素，又要正确处理信息伦理建设中出现的新伦理现象，创造出既有中国特色又体现时代精神和世界视野的智能时代的信息伦理思想。

（二）信息伦理原则

信息伦理原则是构成信息伦理规范体系的核心的、最为概括和抽象的普遍性原则，为信息活动指示符合道德需要的总的方向，是信息道德判断、选择和评价的根本依据和标准。[②] 换言之，怎样的道德价值和伦理要求是符合信息伦理需求的，这是信息伦理研究所关注的重要问题。国内外学者依据目的论、义务论和德性论等伦理理论相继提出了信息活动应该遵循的普遍性原则。赛文森在《信息伦

① 王泽应．新中国伦理学研究三论［J］．湖南社会科学，2003（4）：20-25.

② 沙勇忠．信息伦理学［M］．北京：国家图书馆出版社，2004：257.

理原则》一书中提出了信息伦理的四个原则，即尊重知识产权、尊重隐私、公平参与和无害[①]；国内学者李伦主张无害、公正、尊重、允许和可持续发展[②]；沙勇忠提出了基于信息权利的无害原则、公正原则、自主原则、知情同意原则和同情与合作原则[③]。从上述学者提出的信息伦理原则来看，这些原则反映了信息活动的道德需求，具有各自的合理性与现实意义。但同时，这些伦理原则主要聚焦具体的信息伦理关系或互联网发展早期的信息伦理问题，缺乏从宏观视角考虑的较为系统的伦理准则，也可以说是由于智能时代信息生态环境的变化使这些伦理原则不能完全解决当下的新问题和新冲突。

基于信息生态环境的变化，当前应该在卢西亚诺·弗洛里迪的四条伦理原则和马克思主义伦理思想的指导下，结合智能时代信息的本体论特征，构建系统的、整体的、可持续的信息伦理原则。

首先，卢西亚诺·弗洛里迪基于“信息熵”和“随机性”的概念从信息生态视角提出了信息伦理的四条原则，包括不应在信息圈中产生熵，应当防止在信息圈中产生熵，应当在信息圈中消除熵，应当维护、培育并丰富信息化实体，以增进信息圈福祉。[④] 卢西亚诺·弗洛里迪提出的这四条伦理原则是按照道德价值依次排列的，他认为凡是对信息圈及信息体福祉有害的行为都会产生熵，都是恶的，而那些消除、补偿或减少熵的行为都是善的，善并非单调的，因此他提出了以“信息熵”为衡量标准的信息伦理原则建构的方法论。

其次，马克思主义伦理的思维方式与信息伦理有着内在一致性[⑤]，因此马克思主义伦理的思维方式可以对信息伦理原则建构提供指引。例如，马克思主义伦理思想坚持社会秩序与伦理原则相统一、道德意识与道德行动相统一、道德义务与道德权利相统一，同时马克思主义伦理思想倡导具有整体性、辩证性和关系性的思维方式，信息伦理原则建构也应该因时而变、因势而变，具体情境具体分析，并且结合智能时代信息的关系性、涌现性和共享性特征，在信息生态中综合考量信息体之间的伦理关系。所以，针对不同的信息主体提出微观具体的信息伦理原则，并从信息生态视角提出宏观的信息伦理原则是本书接下来讨论的关键。

---

① Severson R W. The Principles of Information Ethics [M]. New York: M. E. Sharpe, Inc., 1997.

② 李伦. 鼠标下的德性 [M]. 南昌：江西人民出版社，2002：49.

③ 沙勇忠. 信息伦理学 [M]. 北京：国家图书馆出版社，2004：179-184.

④ 卢西亚诺·弗洛里迪. 信息伦理学 [M]. 薛平，译. 上海：上海译文出版社，2018：101-102.

⑤ 窦畅宇. 信息伦理与中国化马克思主义伦理思想新拓展 [M]. 北京：光明日报出版社，2021：126.

三、信息伦理的界定与研究范式

现象学认为，概念意味着世界的界限，只有通过对概念的理解才能达成对世界的认识。本部分在前文对“信息”概念的理解的基础上，展开对伦理的词源分析，由于“道德”和“伦理”的概念相近，有必要对它们进行区分，进而达到给信息伦理下定义的目标，同时在智能时代境域中归纳信息伦理的特征、信息伦理关注的问题和信息伦理研究范式的变化。

何谓伦理？“伦”指的是伙伴和同伴，人们常说的“五伦”是指长幼、父子、夫妇、君臣和朋友，被认为是人际关系的典范；“理”则是理由和条理，延伸为准则、规制或法则。“伦理”表明准则或规制并非遵循自然法则，而是要充分发挥人的作用才能实现，因此伦理中包含着人们的价值判断。从中国的文化语境来说：其一，伦者，从人从仑，辈也。人群类而相比，等而相序，其相待相倚之生活关系已可概见。伦理追求一种规范和秩序。其二，伦通“乐”，伦理以和谐、使人愉快为目标。其三，伦同“类”，伦，类也，理之分也。伦理包含关系、群体之间的划分。① 可见，伦理是以和谐为目标、用非强制的规范调节社会中人们之间关系的准则，伦理内嵌着关系、规则和秩序。就西方国家对伦理的理解来看，黑格尔提出的“伦理是一种人本性上普遍的东西”② 的观点指明了西方语境下看待伦理的视角，“普遍的东西”是个人的公共本质，这揭示了伦理主体之间的共通性，伦理实体地存在，并且在人的行为和意识中实现，所以伦理追求的“不是一种自在的或抽象的善，而是‘活的善’，是主观的善与客观的善、善的概念与善的行为的统一，是自我实现着的善”③。同时，伦理是普遍的，伦理主体是多样的，伦理是个体与个体所在群体之间的关系，即人与伦的关系，“伦理行为关涉的是整个的个体，是其本身是普遍物的个体”④。黑格尔指出，“精神

① 李建华．伦理合法性：一种自然主义的分析进路［J］．海南大学学报（人文社会科学版），2022，40（3）：10-20，203.

② 黑格尔．精神现象学（下卷）［M］．贺麟，王玖兴，译．北京：商务印书馆，1996：8.

③ 樊浩．电子信息方式下的伦理世界［J］．中国社会科学，2007（2）：78-89，206.

④ 黑格尔．精神现象学（下卷）［M］．贺麟，王玖兴，译．北京：商务印书馆，1996：9.

是单一物与普遍物的统一”[①]，因此伦理的实现需要在精神层面达到统一，即实现约定俗成的共鸣。由此可以看出，伦理是集个体的普遍本质、活的善、整个的个体和精神于一体的概念。基于此我们可总结得出，信息伦理符合伦理所倡导和追求的目标精髓，其文化本性仍然是个体的普遍本质，智能时代个体在全新的信息方式中与其他主体建立伦理关系，成为信息伦理的研究对象；信息伦理追求“至善”的目标，致力于实现个人与其他伦理主体之间信息交互行为和信息传输行为的和谐有序；由于信息和人都具有关系属性，因此信息伦理是基于关系视角，在道德行动者关系中看待“整个的个体”；基于精神上共通的信息伦理原则和价值取向，才能实现信息秩序的和谐稳定，这是信息伦理发展的内在要求和不竭动力。

“道德”与“伦理”两个词经常混用，它们既有区别又有联系。从中国的语境来看，孔子言“朝闻道，夕死可矣”，“道”指做人和治国的方法与原则，而“德”是对“道”的领悟与理解，正如许慎所说“德，外得于人，内得于己”，先秦之后两字常连用为“道德”，多指“以善恶评价的方式来评价和调节人的行为规范，是人类自我完善的一种社会价值形态”[②]。从西方词源的角度来看，“道德”一词源自拉丁文“mores”，本意是风俗、习惯，后写为“moral”或“morality”，强调的多是一种约定俗成的规范。结合中西方对道德和伦理的释义可以发现，伦理指涉的范围大于道德，伦理涉及人类整体的、普遍的道德规范，内含国家、社会和个人等不同维度，而道德可以视为伦理的下级概念，侧重于个体的道德品质。有学者指出，“伦理表现出社会规范的性质，而道德是一种生活本意”[③]，换言之，“伦理是社会对善的客观性要求，是他律的，是人们行为应当理由的说明；道德是个体对善的主观性要求，是自律的，是人们行为应当境界的表达”[④]。智能时代信息活动中的信息主体是多样的，与之对应的道德规范和伦理原则既涉及个体层面，也涉及技术、媒介等社会层面，既包含个体的自律，也包含社会共同体的他律。因此，本书对道德和伦理不做非此即彼的区分，在讨论个人层面时，多使用道德一词，在讨论社会层面时，多使用伦理一词，二者都被视作追求至善目标、协调多元社会关系的价值追求与准则。

---

① 黑格尔．法哲学原理［M］．范杨，张企泰，译．北京：商务印书馆，1996：173.

② 辞海编辑委员会．辞海（1999 年版普及本・中）［M］．上海：上海辞书出版社，1999：3011.

③ 孙正聿．哲学导论［M］．北京：中国人民大学出版社，2000：33.

④ 邹渝．厘清伦理与道德的关系［J］．道德与文明，2004（5）：15-18.

通过对“信息”和“伦理”的词源与境域分析可以发现，信息伦理的概念是多层次、多视角的。沙勇忠认为，信息伦理是信息活动中以善恶为标准，依靠人们的内心信念和特殊社会手段维系的，调整人与人之间以及个人与社会之间信息关系的原则规范、心理意识和行为活动的总和①，这一定义是目前我国学术界引用次数最多、认可程度最高的定义。沙勇忠进一步阐释了信息伦理的三个内在层次：第一，信息伦理以善恶为标准，通过内心信念和其他社会特殊手段，即精神或社会舆论、传统习俗等维系，这和信息法规区别开来。第二，信息伦理主要调整的是信息活动中人与人或人与社会之间的信息关系，确定信息伦理相比其他伦理关注视角的独特性。第三，信息道德意识、信息道德规范和信息道德活动共同组成信息道德现象，信息伦理是对信息道德现象的抽象与反思，而道德通过规定“应当”来指导和维系人与人和人与社会的信息伦理关系。基于此，信息伦理在意识、规范和行为活动的相互作用下，具有命令功能、调节功能、认识功能、教育功能和激励功能。② 换句话说，在信息活动中，人们多以自律的方式感知信息伦理的道德命令，信息伦理通过道德评价指导和协调信息活动与信息关系，信息伦理的认识功能则外显为信息道德意识和信息道德判断，以此确立个人与他人、个人与社会、个人与其他信息主体的利益和权利关系，同时信息伦理具有教化人和激励人的功能，个体在信息道德活动中能被激发出成就感、认同感和荣誉感。智能时代，信息带来技术变革，使人们的生活方式发生变化，同时促使人类伦理理念和道德规范改变，推动了信息伦理的时代拓展，促使信息伦理研究范式发生转变。

信息伦理的概念在出现之初就有狭义和广义之分。狭义的是从信息技术发展的视角进行界定，认为信息伦理就是新技术伦理，信息伦理发轫于计算机伦理，最初关注的是计算机应用中出现的伦理问题，后来又相继出现网络伦理、数据伦理等概念，近几年的人工智能伦理、算法伦理也都属于狭义的信息伦理范畴。广义的信息伦理是从信息文明和社会发展的视角进行界定，包括社会经济领域中的信息伦理、社会政治领域中的信息伦理和社会文化领域中的信息伦理等。无论是从哪种视角进行界定，信息伦理的核心都是寻求人类更好的生活，即“善”的理念，对于个人而言，就是遵循应有的义务，符合德行，实现自我满足和内心幸

① 沙勇忠．信息伦理学［M］．北京：国家图书馆出版社，2004：84.

② 沙勇忠．信息伦理学［M］．北京：国家图书馆出版社，2004：85-89.

福；对于社会而言，就是兼顾信息活动的效率与公平，实现信息生态的有序和谐。因此，信息伦理就是调整人与人之间的关系，对信息活动中的善恶问题进行辩护的道德规范和规制的集合。智能时代，智能技术、多元平台充分渗入和改变人们的生活，使信息伦理广义和狭义的界定显得尤为割裂，多元信息伦理主体共存的状态使信息伦理涉及的范围突破了线上和线下、国内和国外的限定。

据此，本书将信息伦理界定为：既是与信息有关（涵盖信息内容、信息技术、信息媒介、信息人等信息圈中的各个组成要素）的伦理，也是指导信息活动和信息行为向善、调整多元信息关系的道德规范。

长期以来，信息伦理研究形成了两种典型的范式：一种是以卢西亚诺·弗洛里迪为代表的规范伦理学研究，不仅关注道德规律对人们行为的外在约束，而且注重提升个人与社会群体的道德水平，包括信息伦理中道德价值的性质、道德判断的证明、道德推理的有效性等核心内容。卢西亚诺·弗洛里迪没有把信息伦理的研究对象局限在具体的技术领域，而是以“信息圈”“信息熵”等概念为基础将信息伦理拓展为一种可以适应所有信息行为现象的宏观伦理学。另一种是从各种信息伦理现象出发，以解决实际问题的应用伦理学研究，覆盖了更多的领域和层面，融合了技术伦理、生命伦理、科技伦理、共同体伦理等多种伦理思想，把信息伦理视为从现实中来到现实中去的实践伦理学。智能时代的信息伦理研究需要从理论层面对信息伦理的道德规范体系和运行机制进行合理安排，万俊人认为，“作为现代规范伦理学之优先目标的社会制度伦理研究日趋突出”①，若形成完备的信息伦理理论还需要规范的体系建构。同样，智能时代的信息伦理研究也需要立足不断变化的信息实践，应用伦理学是规范伦理学在实践领域的具体投射，规范伦理学回答的是道德之“一般”，应用伦理学回答的是道德之“特殊”，应用伦理学不仅要对事实进行陈述，而且要从理论的高度对信息行为作出价值判断。② 基于此，智能时代的信息伦理既需要解决各种新的伦理问题，也需要重新提出和论证相应的道德规范和伦理准则，重新定义符合时代需要的伦理范畴。所以，智能时代的信息伦理应该是规范伦理学和应用伦理学的统一。

---

① 万俊人．制度伦理与当代伦理学范式转移——从知识社会学的视角看［J］．浙江学刊，2002（4）：7-12.

② 吴雪芳．论规范伦理学的回归［D］．杭州：浙江大学，2013：13.

四、信息伦理的发生与发展

信息伦理是在人类从工业文明向信息文明的转型中产生与发展的，它与信息技术的发展程度密切相关。综观信息伦理的发展进程，可以将其分为三个阶段：单纯的技术伦理阶段、信息社会伦理阶段和复杂的信息生态伦理阶段。

（一）单纯的技术伦理阶段

信息伦理发展的第一阶段，即 20 世纪 70 年代中期到 90 年代中期，信息伦理被看作与技术相关的单纯的应用伦理学。1976 年，曼纳致力于研究人与计算机的关系，而信息伦理的研究对象与计算机有关，所以计算机伦理可以看作信息伦理的“前学科时期”[①]。此后，计算机伦理学在西方国家间兴盛起来，1985 年，詹姆斯·摩尔（James Moor）的《什么是计算机伦理学》和泰雷尔·贝奈姆（Terrell Bynum）的《计算机与伦理学》的相继发表，成为西方学术界对计算机伦理学进行理论研究的重要标志。德国信息科学家拉斐尔·卡普罗（Rafael Capurro）的《信息科学的道德问题》，被认为是最早将信息科学作为伦理学研究对象的学术论文，该论文关注了信息技术影响下信息的生产、存储和应用问题，并分析了人们在信息科学教育、信息工作中会遇到的伦理问题。[②] 1985 年，美国伦理学家戴伯拉·约翰逊的著作《计算机伦理学》问世，他认为对计算机伦理问题的探讨应该与道德规范相联系，将伦理道德作为计算机操作的底线逻辑，并以此指导实践。在约翰逊的影响下，西方国家开始改变 20 世纪初以来的基于元伦理进行纯粹的理论研究的取向，开始注重伦理实践的“经验转向”。这一时期，美国计算机伦理协会制定了著名的十条戒律，如不能用计算机伤害他人、不能通过计算机盗用他人成果、要考虑计算机编程的社会后果、不能通过

① 窦畅宇．信息伦理与中国化马克思主义伦理思想新拓展［M］．北京：光明日报出版社，2021：36.

② 王成兵，吴玉军．西方计算机伦理学发展历程及其启示［J］．学术论坛，2001（2）：11-14.

计算机窥探他人私密文件等。[①]

随着互联网进入人们的日常生活，信息伦理研究的视野拓展到人类网络信息活动的全程，在垃圾信息、网络病毒等问题凸显的背景下，网络伦理成为信息伦理学的第二代。[②] 网络伦理依然属于应用伦理学，但它涵盖了网络空间中信息问题的多重维度，如信息共享与信息占有、信息自由与社会责任、网络空间与物理空间、信息内容的地域性与信息传播的无限性、网络道德与传统道德、个人隐私保护与公共信息、信息商用与信息非商业使用网络道德建设的七对矛盾冲突。[③] 进入21世纪，信息技术发展迅速，人与技术之间出现了“控制”“异化”“规训”等新的伦理问题，针对新的伦理问题相继有人提出了人工智能伦理、大数据伦理、算法伦理等伦理思想。每当新技术出现，就会对信息伦理提出新的要求，大量的事实案例表明，信息的含义是丰富的，不仅信息技术的伦理问题会超出技术的范畴，而且随着信息伦理本体论认识的深入，信息主体的差异化开始出现，因此信息伦理需要迈向新的阶段。

（二）信息社会伦理阶段

信息伦理发展的第二阶段是从20世纪90年代中期至今，可将其视为信息社会伦理阶段。随着美国“信息高速公路”计划掀起全球信息化建设的热潮，人们发现计算机的使用不再是一个封闭的、存在于固定空间的事情，互联网实现了全球信息的互联互通，这让地球村在网络空间成为现实。1996年，英国学者西蒙·罗格森（Simon Rogerson）和美国学者泰雷尔·贝奈姆（Terrell Bynum）发表的文章《信息伦理学：第二代》指出，计算机伦理只关注计算机的操作技术本身，具体的应用也只在商业活动范围内，有很大的局限性，认为所有与信息有关的活动都应列入信息伦理研究的范畴，要在更大的网络空间内深入研究信息伦理问题。于是，网络伦理、人工智能伦理等相继成为信息伦理研究的重要方向。美国信息科学家理查德·梅森（Richard Mason）认为，信息时代需要关注四个伦理问题，包括信息隐私权（Privacy）、信息准确性（Accuracy）、信息产权

---

① 王正平．西方计算机伦理学研究概述［J］．自然辩证法研究，2000（10）：39-43.

② 窦畅宇．信息伦理与中国化马克思主义伦理思想新拓展［M］．北京：光明日报出版社，2021：36.

③ 陆俊，严耕．国外网络伦理问题研究综述［J］．国外社会科学，1997（2）：15-19.

（Property）和信息资源存储权（Accessibility），简称“PAPA”。[①②] 理查德·斯皮内洛（Richard Spinello）认为，信息伦理的核心是信息技术和伦理学的紧密关联，关注信息技术的伦理问题。[③] 综观西方近年来关于信息伦理的研究，它们主要关注三个方面：网络使用和运作中产生的信息问题、网络对社会信息的影响以及网络空间信息活动引发的哲学问题。[④] 西方对信息伦理的研究呈现出研究问题涉及面广、参与者多、具体范式和理论研究齐头并进的特征。

在信息伦理发展的第二阶段，农业革命、工业革命和信息革命对人类文明发展进程的影响远不止技术一个方面，国家之间、民族之间、社会之间的结构变化和权力重组引起了社会全方位的改变，研究者开始用社会伦理的范畴看待信息伦理。在经济领域，信息伦理关涉信息经济生产与消费、信息产业发展、信息平台竞争等方面的伦理问题；在政治领域，信息舆论战、信息自由与信息权力等反映社会平等、公正的问题成为信息伦理新的研究点；在文化领域，信息文化产业发展、社交媒体发展、文化传播等都需要实现和谐有序。在第二阶段，信息伦理是与信息社会发展相适应的社会伦理，显现出较强的包容性和开放性，这意味着信息伦理把很多层面的伦理问题糅合在了一起，其外延已经超过任何一种单一的技术伦理或社会伦理。

（三）复杂的信息生态伦理阶段

智能时代的到来，使信息伦理亟须进入崭新的发展阶段，可以将其视为一种生态伦理。一方面，信息伦理不再是单纯的应用性伦理，它在解决具体问题的同时，还应该是具有较高系统性的规范伦理。另一方面，信息正在构建人类生存的空间与场域，这个空间是具有多元信息主体、复杂信息结构的生态环境，人与信息、信息技术、信息媒介之间相互影响，人们生活在“信息圈”之中，它涵盖现实社会和虚拟空间，这意味着信息伦理已经超出了社会伦理的范畴，是面向未来世界的更广阔的生态伦理。埃德加·莫兰指出，伦理本身就是复杂的，它既是

---

① Mason R O. Four Ethical Issues of the Information Age [J]. Management Information Systems Quarterly, 1986 (1): 5-12.

② Capurro R. Ethics and Information in the Digital Age [J]. Proceedings of the National Academy of Sciences of the United States of America, 2001, 109 (7): 2678.

③ 理查德·A. 斯班尼罗. 信息和计算机伦理案例研究 [M]. 赵阳陵，吴贺新，张德，译. 北京：科学技术文献出版社，2003：101-146.

④ 陆俊，严耕. 国外网络伦理问题研究综述 [J]. 国外社会科学，1997 (2): 15-19.

一，又是多，它统一于共同的树干，但又有清晰的分叉。[①] 信息伦理也是如此，它有着清晰的分叉：技术伦理、社会伦理和生态伦理，在这种多样性与统一性之中，信息伦理一直在以伦理指引着人类的发展。

信息伦理的建构是有条件的，这些条件构成了信息伦理发展的背景，分析这一背景对研究信息伦理有重要的意义。接下来，本书就具体说明智能时代信息伦理的发展背景，换言之，这一背景正是智能时代信息伦理的变化。

第一个变化是技术发展带来的信息伦理主体的变化。海德格尔认为，技术的本质是“座架”，现代技术的根源是客观化和对象化，是以对象化的方式展现世界。[②] 互联网就是这样的座架，它对人们一切的信息活动和信息行为进行信息编码，使之符号化，其中的信息会被抽取出来用于存储、加工和利用，在这个过程中人类作为信息活动和信息行为的伦理主体，是现实自我与虚拟自我的统一。但当人成为信息化的人时，就面临着被技术异化的风险，这意味着网络空间中的虚拟自我和现实自我无法完全等同，虚拟自我在自主产生信息行为的同时，也受到技术逻辑和平台逻辑的支配，因此网络空间中的信息伦理主体不再只是现实自我本身。从人与信息的关系来看，信息不仅是工具，也是“认识客体”或“中介”，信息的关系属性意味着信息本身也会干涉信息活动，并成为信息伦理行为的一部分，是重要的伦理主体。从技术改变人与他人或社会的关系来看，人与人之间的关系变得更为密切，新的社会共同体正以不同的“群体”样貌开展信息活动，这既包括凭兴趣组合而成的不同社群，也包括舆论场中的“群氓”“乌合之众”,[③] 他们在关涉伦理问题的网络信息平台的交互中，丰富了信息伦理主体的内涵。从人与技术的关系来看，道德主体的圈子已经从人类扩展到了人工智能系统，当人工智能技术迈向强人工智能或元宇宙时，智能机器人等人工智能体就成为新的信息伦理主体。在智能时代，多元信息伦理主体的涌现颠覆了传统信息伦理研究只关注线下信息活动和人本身的信息行为的取向，这意味着数据、群体、技术智能体、算法等多元主体都已成为信息伦理主体，可以说，信息伦理内含着数据伦理、网络伦理、人工智能伦理和算法伦理。

第二个变化是信息伦理活动场域的转换，即数据解析社会的形成。从农业文

---

① 埃德加·莫兰．伦理［M］．于硕，译．上海：学林出版社，2017：282.

② 戴维·J. 贡克尔，保罗·A. 泰勒．海德格尔论媒介［M］．吴江，译．北京：中国传媒大学出版社，2019：14.

③ 窦畅宇．信息伦理与中国化马克思主义伦理思想新拓展［M］．北京：光明日报出版社，2021：38.

明、工业文明到信息文明，人类每一阶段的发展都呈现不同的社会规范和伦理追求。信息文明的社会价值观呈现“个人本位”的趋势，即个体可以运用智能技术主动获取知识，认识世界。当“网络的建立与普及正彻底地改变人类生存及生活模式，谁掌握了信息，控制了网络，谁就将拥有整个世界”[①] 时，信息网络空间就成了和现实空间共在的人类生活场域，虚拟和现实交织，数据和信息自由流动，超越现代性的知识权力结构在网络空间形成，我们说这样的社会是“数据解析社会”[②]。从人类文明和社会形态来看，身处数据解析社会，人们的信息行为被信息采集和数据分析所干预，智能算法洞察和解析人们的信息行为规律，人们被量化，并在这个过程中被控制和管理。“数字人”成为人类新的存在形态，基于信息和数据的认知和人们的认知无缝联结，于是网络空间中形成了一种新型的知识权力结构。知识精英和普通大众组成了知识权力结构的两“极”：拥有信息资源、资本和技术等要素的知识精英成为信息活动的主导者，他们对信息活动的支持和对信息资源的开发是为了利益最大化，就如“以数识人”内含着用信息和数据来诠释知识，这些知识成为企业、政府等相关部门新的生产手段和治理工具；普通大众则利用信息技术更多元地、去中心地参与信息活动，在满足自身需求和促进自身解放的同时，也积极建构信息活动规则。除技术之外，平台、资本等市场因素也影响着网络空间的知识权力结构，并且这种影响利弊同在。例如，“量身定制”的个性化新闻推送满足了人们差异化的信息需求，外卖、直播带货等新型消费方式推动了数字经济的持续增长，但也出现了信息茧房、算法偏见等伦理问题。智能时代，知识和权力联结成的数据解析社会如同“全景监狱”，让每个人都作为信息主体或客体深陷其中，即使信息网络空间持续有新的媒介技术和平台进入，但其实质仍是基于知识权力结构的新一轮再生产，人们在信息网络空间会遭遇更深层面的“殖民化”，出现信息网络空间的异化和沉沦。[③] 因此，信息伦理不再限于信息技术的视域，它被置于信息文明复杂的知识权力结构中，信息伦理问题以社会问题呈现在人们面前，信息伦理活动的场域拓展到超越现代性知识权力结构的信息网络空间。

第三个变化是信息的互联互通使信息伦理具有全球伦理的价值。信息的互联互通让全球各地的联系更加紧密：一方面，人们用信息编码描述世界，如果把世

---

① 阿尔文·托夫勒．第三次浪潮［M］．黄明坚，译．北京：中信出版社，2006：6.
② 段伟文．信息文明的伦理基础［M］．上海：上海人民出版社，2020：6.
③ 段伟文．信息文明的伦理基础［M］．上海：上海人民出版社，2020：44.

界比喻为一台计算机，从人类 DNA 的复制到各种商品的生产、流通，世界的每一个角落都伴随着信息的存储、加工和利用。另一方面，全球信息舆论生态复杂多变，人们无时无刻不在用或理性或感性的态度在社交平台发布信息，如网络暴力等已经成为跨地区、跨国界的信息伦理问题，解决这些问题需要用全球普遍认同的道德方式和信息伦理理念。各国的伦理思想因受本国文化影响而有所差异，文化语境的冲突和异质性会造成麦金尔太所说的“道德的无公度性”，这种伦理异质性的束缚不利于全球信息活动的开展和数据跨境流通，因此，倡导“可公度性道德”或者“可普遍化的底线伦理”是智能时代信息伦理发展的题中之义。[①] 信息资源是全球共有的资源，信息的互联互通体现出信息的涌现性与共享性，那与之相适应的信息伦理在智能时代就包含着全球伦理的内涵，在坚持信息伦理基本准则和规范的基础上尽可能地求同存异，有利于全球信息生态的和谐有序发展。

深入分析信息伦理发展的历程，可以归纳出信息伦理的几个特点：

首先，信息伦理的发展与技术发展是密切相关的，由于信息活动离不开信息技术的参与，所以信息伦理总是和技术相关，具有技术相关性。

其次，信息伦理是不断发展的，具有发展性。信息生态环境总在变化，这意味着没有哪一具体场景中的信息伦理原则可以一成不变，尽管对“善”的追求是伦理的永恒原则，但在解决新问题的过程中要不断发展，在变与不变中找到平衡是信息伦理发展贯穿始终的态度。

最后，信息伦理具有普遍性。信息本身就在不断流动、共享、增长和传播，在坚持信息伦理基本准则的基础上求同存异对于全球化和人类命运共同体的实现是最有利的，这有助于信息资源的全球共享，而智能时代信息活动的有序开展和人类命运休戚与共，这也必然意味着信息伦理是普遍的。

五、信息伦理分析的理论视角：信息生命周期与信息方式

（一）信息生命周期理论

生命周期最早是生物学概念，用于指代一个生物体从出生到死亡所经历的过

① 沙勇忠．信息伦理学［M］．北京：国家图书馆出版社，2004：92.

程。在智能时代，网络空间中的信息世界也呈现生命的延续和消亡，无论信息以何种方式存在，其价值都会随着时间而变化。对互联网是否存在记忆这个问题的讨论，其实质就是对信息生命周期的讨论。有人认为，互联网中的记忆很短暂，如同舆论场中的信息流动转瞬即逝，无时无刻都有新的信息在抢夺人们的注意力；也有人认为，互联网延续了信息的生命，提升了信息的价值，只要信息出现在网络空间，便总会有迹可循，但人们在拥有数字记忆的同时，也期望真正拥有关于个人信息的可删除权。信息生命周期的理论由谁提出，这无从考证，但可以肯定的是，这一概念的多学科运用已经使其具备了充足的理论养分和多元范式。信息生命周期概念最早出现在信息资源管理领域，美国信息资源管理专家列维坦指出，信息是社会的一种特殊商品，具有生命周期的特征，包括信息资源的生产、组织、维护、增长和分配五个阶段。[①] 他对信息生命周期的研究停留在信息管理层面，之后又有不同学者基于不同范式丰富和延展了信息生命周期理论。“范式”是一种理解系统、理论框架或方法论，它构成有关对象的本体论、规律的解释方式，构成核心研究问题的概念系统、范围和基本方法。[②] 本书从信息生命周期的三种研究范式出发，并在这些范式的基础上提出本书研究使用的核心范式和方法。

信息生命周期研究的三种范式包括管理范式、存储范式和价值范式。[③] 管理范式的信息生命周期研究始于20世纪80年代末90年代初，以列维坦、霍顿为代表的研究者侧重于对信息的生命周期进行阶段划分，在此基础上为图书馆、信息资源研究组织等提供信息开发和信息利用的模型。随着数字化社会发展速度的加快，许多高科技企业面临海量信息存储困难的问题，根据业务需要，生命周期理论被视为数据存储管理的理论基础，催生了“纯技术性”的信息存储范式。相较于管理范式，存储范式的信息生命周期研究并没有理论上的突破，只是在信息传输硬件、软件和服务方面提供了更多解决方案。价值范式的信息生命周期研究是将信息视为一种生命体，认为信息变化和运动是存在规律的，普赖斯、布鲁克斯等提出了信息老化率、信息半衰期等信息生命周期的测量指标，指出当下数据算法的不断完善可以反映信息生命周期研究的发展趋势。综观信息生命周期研

---

① Levitan K B. Information Resources as “Goods” in the Life Cycle of Information Production [J]. Journal of the American Society for Information Science, 1982, 33 (1): 44-54.

② 托马斯·库恩．科学革命的结构［M］．金吾伦，胡新和，译．北京：北京大学出版社，2003：21.

③ 望俊成．网络信息生命周期规律研究［M］．北京：科学技术文献出版社，2014：6-12.

究的三种范式可以发现，前两种范式所讨论的信息并不是纯粹意义上的自然信息，而是经由人类开发和利用的信息资源，或者说是建立在数据基础之上的信息。本书探讨的信息具有自在、自为的属性，是具有关系性、涌现性和共享性的信息，因此它不仅是结构化的数据或知识，还包括信源和信宿之间可感知的关系。对于从信息本体的认识论视角出发定义的信息而言，应当在媒介技术和人的共同范畴中讨论其生命周期。

本书利用信息生命周期理论展开研究，既是希望在信息本体论和认识论的范畴中为信息活动的伦理问题研究提供理论路径，也是将其作为一种方法贯穿研究始终。信息具有关系属性，其在信源和信宿的互动关系中产生，因此我们可以把"关系实在"看作信息的本体，关系间承载着复杂多元的意义，构成了对不同信息的实际理解。普罗泰戈拉指出，"人是万物的尺度"，故信息携带着"属人意义"的关系，这成为本书运用信息生命周期理论的基础。具体来说，生命的特征存在于信息与载体的关系——组织性中。① 一方面，信息是生命赖以存在的关键因素，"生命以负熵为生，需要从环境中不断汲取序，使自身稳定在一个高度有序的状态下"②。在智能时代，人们的信息化在场与身体缺位正是信息"潜在"和"显现"状态间的涨落现象，舆论生态中信息从无序到有序的过程、自然系统中信息从低级到高级的过程，不仅是信息自组织演化的过程，即信息内容、信息媒介、信息技术等在现实和虚拟空间中自主运动的过程，而且是人们运用信息技术、媒介平台、伦理法规等调节信息熵的过程。另一方面，人类的生活世界、认识装置、社会性的语言符号系统以及生存实践和生产实践，决定了人类所构建的信息的意义③，即一种具有"主体间性"的社会意义的信息。从这个层面来看，人们的信息活动是负载价值的，是一种媒介行为，也是一种伦理行为，而把这样的信息行为与信息生命周期理论相结合，可以揭示信息运动的层次和表现形态。

本书亦将信息生命周期理论视为一种方法。传统意义上人们对于生命周期的理解暗含着生命体从出生到死亡的过程，即不存在永生现象，但在智能时代，人们对死亡有了更深入的理解：当个体在世间被遗忘便是死亡，当关于个体的一切信息被删除便是死亡。从这个角度来看，信息生命周期不完全是一个时间概念，

---

① 沈骊天．生命自组织信息［J］．系统辩证学学报，2001（4）：69-72.

② 埃尔温·薛定谔．生命是什么［M］．罗来欧，罗辽复，译．长沙：湖南科学技术出版社，2007：72.

③ 万里鹏．信息生命周期：从本体论出发的研究［M］．北京：北京师范大学出版社，2015：20.

它还描述了信息运动随着时间推移而发生的空间变化，这种变化可能是位置的变化、状态的变化、个体在网络空间与现实空间中的关系变化等。同时，关于信息生命周期阶段的划分仁者见仁、智者见智，尚无规范标准，但先前的做法为本书进行信息活动过程的阶段划分和信息行为归类提供了借鉴。基于此，本书从信息开发、信息传播、信息利用和信息组织方面探讨信息活动的伦理问题，具体讨论以下几个方面的问题：信息开发中的信息滥采和隐私侵犯问题；信息传播中信息舆论生态的伦理乱象和价值冲突；人的信息化在场与数字身份构建；信息的合理利用和个人数字信息留存问题。维纳所言“信息就是信息，不是物质也不是能量”①，其普遍存在，运动形式和形态丰富多元且彼此关联，从信息生命周期理论出发探讨信息活动的伦理问题，必然要进行复杂范式的融合，因此后文的讨论也必然会涉及信息哲学、信息科学、信息法学等学科的内容。

（二）信息方式理论

信息方式理论是 20 世纪 90 年代美国学者波斯特基于电子媒介技术发展而提出的批判理论。信息方式理论借鉴了马克思“生产方式”的概念，把信息方式视为社会进程的决定性因素。信息方式是建立在语言学和符号学等基础上的、以电子媒介为基础的社会交往或交流方式，以及对电子媒介时代的社会文化现象的描述和批判，信息在其中具有某种重要的拜物教意义。② 由于信息方式具有不同的历史形态，因此其成为进行人类历史分期的标准。按照波斯特对信息方式发展阶段的划分，人类经历了以下几个信息发展时期：面对面的口头媒介交换时期，其特点是符号的互应（Symbolic Correspondences）；印刷的书写媒介交换时期，其特点是意符的再现（Representation of Signs）；电子媒介的交换时期，其特点是信息的模拟（Informational Simulations）。当代，三种信息方式都存在并共同发挥作用，尽管三种信息方式下“语言与社会、观念与行动、自我与他者的关系各不相同”③，但是它们都被吸纳在电子信息方式的逻辑中，被日益电子化。换言之，在电子媒介信息方式处于主导地位的智能时代，其他信息方式都处于被主导和被

---

① 诺伯特·维纳．控制论［M］．王文浩，译．北京：商务印书馆，2022：33.

② 马克·波斯特．信息方式：后结构主义与社会语境［M］．范静哗，译．北京：商务印书馆，2000：9.

③ 马克·波斯特．信息方式：后结构主义与社会语境［M］．范静哗，译．北京：商务印书馆，2000：10.

支配的地位。在波斯特看来，电子媒介语言构建了后现代语境，在后现代语境中，旧有的以理性、确定的、中心化为特征的现代社会规范、思维模式和社会秩序，正随着以大数据和人工智能为主的技术发展而被以多元化、流动的、去中心化为特征的后现代社会规范、思维模式和社会秩序所取代。在这样的语境下，信息方式理论具有去总体性、去中心性、开放性、批判性和反对宏大叙事的特点，成为批判后现代或电子媒介时代的现象学。①

信息方式理论的现实基础是当代电子媒介的交互流通。麦克卢汉早就提出了“媒介即信息”的论断，从媒介技术的发展视角论述信息方式，强调媒介在信息传输中的强大作用，带有技术决定论的倾向。然而，波斯特考虑到了信息接收主体的“感觉中枢”，认为作为信宿的主体应该是一个可感知的而非阐释的存在，应该考虑信宿主体的感觉器官与客观世界的关系、对世界的看法和在世界中的位置。波斯特指出，当下信息主体不再居于绝对时空中的某一点，不再居于现实世界中某个固定的位置，与此相反，信息主体正在被数据库多重化、被电视广告去语境化、被数字化的信息传递及意义协商所消解、被各种符号的数字化传输而持续分解和物质化。② 因此，波斯特的信息方式理论提供了一种从关系、信息和语言的角度来考察现实情境的路径，其信息方式不是信息的生产方式，而是信息的传输和交互方式，即在特定电子媒介语境下的符号交换和信息交互。

波斯特的信息方式理论是在后现代的语境中，以后结构主义为理论基础，对电子媒介时代的批判和重建。信息方式理论糅合了批判理论和后结构主义，它既与西方马克思主义存在内在继承性，又与西方马克思主义有不同的理论旨趣。福柯、鲍德里亚、德里达和利奥塔等的思想共同形成了信息方式的理论视域。③首先，福柯倡导非连续性的历史观，他关注事物的结构，提出的监视和规训的概念为理解数据库提供了理论视角；福柯指出，人消亡于我们的知识，认为主体是被情境建构的；福柯的“权力技术”提及人类在“全景监狱”中被无形地凝视，这为智能时代重新理解人的主体性提供了支撑。其次，鲍德里亚的表意方式理论、广告批判理论和超现实理论也是信息方式的重要理论视域，认为当世界的一切只是模拟符号时，人们的信息活动就是一种拟仿性活动，网络空间

①③ 张金鹏．信息方式：后现代语境中的批判理论——对马克·波斯特信息方式理论的文本学解读［M］．南京：江苏人民出版社，2012：133-143.

② 马克·波斯特．信息方式：后结构主义与社会语境［M］．范静哗，译．北京：商务印书馆，2000：22.

就是一种超现实世界。再次，德里达的解构理论使书写远离作者，以此打破了言语的封闭性，是一种去中心的过程，但书写留下的痕迹是保存又抹去符号的过程，是在场的缺席，基于在场与不在场状态中意义的生成与散播，这有利于进一步理解智能时代人的信息化在场与意义生成。最后，信息方式理论还汲取了利奥塔的相关理论的精髓，对知识的重新界定和宏大叙事的终结、知识的普及及其权威的丧失有利于人们理解大数据的价值，知识的生成也为改进当下的社会治理模式提供了帮助。总的来说，波斯特的信息方式理论批判继承了后结构主义的主要思想主张，波斯特认为，理论应该与实践密切关联，使理论在电子媒介时代获得新的力量。因此，信息方式理论为本书探讨和反思智能时代的信息行为活动提供了理论视角，把信息方式引入对人们信息行为和信息活动的分析，有利于基于技术建构和人类自我建构的双重视角理解智能时代的信息生态。

信息方式理论为解释智能时代电子媒介等对社会文明尤其是对现代伦理的影响提供了一种新的维度，基于此，本书构建了“信息方式—伦理世界”的诠释架构。黑格尔提出，“伦理是一种本性上普遍的东西”[①]，这种普遍的东西就是个人的公共本质，它不仅实体地存在，而且在信息传输、信息交往等个人的信息行为中进一步放大。伦理的普遍性外化和表现为“世界的种种形态”，这些形态就是伦理实体或伦理性的实体。[②] 波斯特的信息方式作为一种以符号交换形式为特定语言的信息交互方式，其过程包含着信息的意义和各种信息关系，包含着伦理实体或伦理性的实体，这意味着信息方式本身就兼具技术和伦理的双重性质。信息方式不仅是信息主体的建构方式，而且也是信源、信宿与信号之间的关系乃至整个意义世界的建构方式。主体的建构，主体与技术、媒介的信息交互，个体与世界的同一性关系尤其是伦理同一性关系，构成了“信息方式—伦理世界”的互动点。在智能时代，电子媒介信息方式对伦理世界的影响主要表现为对传统伦理世界的解构，即电子媒介信息方式通过特殊的语言构型和信息交互行为，改变了伦理、伦理世界的存在状态及其建构和发展的规律；改变了人们对伦理、伦理世界的文化态度，以及对个体存在和个体位于其中的那个世界的伦理感。[③] 换言之，智能时代信息方式影响下的伦理世界，是以大数据、人工智能为首要逻辑的

① 黑格尔．精神现象学（下卷）［M］．贺麟，王玖兴，译．北京：商务印书馆，1996：8.

②③ 樊浩．电子信息方式下的伦理世界［J］．中国社会科学，2007（2）：78-89，206.

技术规律、自然规律、伦理规律辩证互动的世界，智能时代信息伦理失范的困境不能简单认为是信息伦理的危机，它亦是信息方式的危机，是信息方式与伦理世界断裂、不适造成的。借助“信息方式—伦理世界”的诠释架构，呈现智能技术影响下现代文明的道德伦理图景，是本书的理论基础。

第三章 智能时代信息伦理失范现实

信息伦理虽然是一种新型的伦理，但它已经渗透进人们日常的信息实践中，也深度融入社会治理中，对于提升社会治理能力、促进社会道德文明进步、实现幸福美好生活发挥着举足轻重的作用。根据现象学的观点，生活世界就是人们无时无刻体验的世界①，个体和群体在生活世界中的信息道德行为，既是现象学研究的来源，也是现象学研究的对象。现象学主题可以看作体验的结构，当分析信息伦理失范的现象时，需要确定信息伦理失范的主题以及形成该主题的结构。基于信息生命周期理论，信息伦理关注的重点是信息开发、信息传播、信息利用和信息组织过程中产生的新的道德关系问题，所以本章将此作为研究信息伦理失范现象的主要结构。对信息伦理失范现实的现象学分析并不是简单的陈述，而是对人们当下生活体验结构的一个较为充分的描述，是竭尽全力地对研究对象进行完整准确的描述。

智能时代，道德关系基于利益关系变化，基于利益关系形成的信息实践具有不同于传统信息实践的规律，认识和把握信息主体之间的内在伦理关系，纵观信息实践发展态势，审度信息技术和信息行为价值进而寻求信息伦理调适之道，完成从传统伦理向符合智能时代信息实践需求的信息伦理的道德“迁移”，可谓正当其时。就信息开发而言，它不仅是一个技术问题，还是一个伦理问题，需要掌握信息开发的技术，同时明确信息开发的道德尺度。信息传播过程是信息在公共平台的扩散和流动过程，信息伦理是其中特殊的“把关人”，需要对信息实践中的伦理失范乱象加以规范和引导。在信息利用方面，经常会出现与数据利用相联系的问题，数据的利用涉及平台、政府等权利边界的划分，这不只是法律问题，

① 马克斯·范梅南．生活体验研究：人文科学视野中的教育学［M］．宋广文，等译．北京：教育科学出版社，2003：14.

亦是伦理问题，会产生数据侵权等不道德行为，导致个人信息权利受损，需要信息伦理进行数据以人为本合规使用的价值界定。在信息组织中，信息自组织和信息系统中多元组织主体之间存在多种道德关系，信息伦理可以为协调与平衡多组织主体之间的道德关系提供帮助，有助于提高信息组织效率、确保信息系统运行顺畅。

失范（Anomie）是一种社会规范缺乏、含混或者社会规范不断变化以致不能为社会成员提供指导的社会情形。[①] 如果从社会行为的角度理解，社会群体或个体偏离或违反社会规范的行为就是失范行为。信息伦理失范主要是指信息道德失范，即信息行为违反人类共同认可的伦理原则和道德规范。信息伦理失范行为会影响社会的正常运转和人们的安居乐业，会造成社会现实和网络空间的无序与价值混乱。本章将在详细说明研究方法与研究设计的基础上，从信息开发、信息传播、信息利用和信息组织四个方面描述信息伦理失范现象。

一、现象学方法与设计

本章研究的核心问题是智能时代信息伦理失范问题的主要表现，本章主要采用现象学的研究方法，接下来将详细说明研究方法、分析框架、研究原则，以及研究步骤与实施情况。

（一）现象学研究方法的借鉴

现象学研究是定性研究的主要类型之一[②]，本章将从现象学的视角，采用描述和解释并进的方式对智能时代信息伦理失范问题进行深度描述，具体通过对智能时代信息伦理失范问题的深入描述和反思，揭示其背后的伦理议题。本章中的研究严格按照现象学的流程进行，即确定研究对象、进入研究场域、收集与整理资料、处理与分析资料，具体运用的现象学研究方法有访谈法、观察法以及文本分析法。

---

① 埃米尔·涂尔干．社会分工论［M］．渠东，译．上海：生活·读书·新知三联书店，2000：14.

② 克拉克·穆斯塔卡斯．现象学研究方法：原理、步骤和范例［M］．刘强，译．重庆：重庆大学出版社，2021：1.

1. 研究方法的应用

访谈法在了解信息行为动机以及信息行为给人们造成的影响方面非常有效。与一般访谈法相比，现象学访谈法更注重在现实中面对面地交谈。应用访谈法主要是为了深入了解被访者的生活体验，在此研究中主要是为了了解信息行为主体产生信息行为的动机和方式，以及信息行为在伦理层面给人们带来的影响。现象学访谈法的研究对象并不多，因为与量化研究要求样本的随机性和代表性不同，现象学访谈法要求研究样本的选取能够为研究提供丰富的资料。[①] 本书采用线下面对面的访谈方式，每次访谈都非常注意现象学研究访谈的要点。例如，访谈多选择在咖啡馆进行，保证受访者处在相对放松的环境，这有利于他们对有关体验进行回忆和表达；访谈多选择在周末的午后进行，因为现象学访谈的时间通常较长，且要尽量保证受访者的头脑处于相对清醒的状态，周末休闲时光有助于受访者思维的扩散；访谈者涉及媒体从业人员、算法相关工作人员、与信息技术和信息传播相关专业的学生、社交媒体深度使用者等，笔者在确定访谈目的和访谈提纲后确定访谈对象，并在访谈开始前和访谈对象建立了友好关系，在一定情感基础上开展访谈有助于访谈对象更好地袒露心声；访谈技巧涉及访谈伊始访谈目的的明示、访谈过程的循序渐进、访谈结束后的内容确认，尽可能地做到具体问题具体分析。

观察法是深入参与智能时代信息道德活动、直接感受信息生态中伦理关系变化的方式。现象学中的观察法主张近距离观察，描述并记录研究对象在信息行为中的状态。本书深入具体的研究场域，与研究对象建立联系并取得信任，如对外卖骑手的观察、对智慧城市运行方式的观察、对算法艺术装置的观察等。近距离观察可以获得访谈资料之外的体验材料，并与访谈资料相互印证、相互支撑。

文本分析法是依据新闻报道、影视作品、文学作品、短视频等分析智能时代信息活动中的伦理问题，以此获得更加丰富的现象学文本材料。文本分析注重提取现象学材料的主题并进行诠释，通过对相关新闻报道、影视作品、行业报告进行文本诠释和主题分析可使文本意义不断显现，实现对智能时代信息伦理问题的合理归纳。

2. 研究原则

本书在研究过程中遵循“回到事实本身”的现象学研究原则。胡塞尔指出，

① 李楠．我国优秀赛艇运动员体能训练体验的现象学研究［D］．北京：首都体育学院，2022：41.

任何研究都不一定来源于某种哲学或理论，而应该是来自事情或问题本身。为此，他提出了“悬置”的概念，意味着在研究中应该搁置我们对某件事或某个人的预判、偏见与成见，所有原先的经验、知识都暂时失效了。[①] 采用现象学方法还原事实，不仅要关注研究对象的外在表现，而且要把握研究对象内在的意识行为、现象和自我之间的关系，通过反复多次的观察和描述，归纳出研究对象变化的强度、背景特征、空间特性、时间参照以及一切可以还原的维度。同时，现象学认为，对事实的理解并不是孤立的，而是与内外部环境紧密相连的，就信息伦理而言，其失范现象既源于生活，又不止于生活，应该把信息行为看作人们日常生活和数字化生存方式的组成部分去理解，关注人在其中的主体性变化。概言之，信息伦理失范问题的归纳是对智能时代人们数字化生存的现实体验的分析。

3. 分析框架

本章的分析主要包括两个部分：一是从信息生命周期的视角对智能时代信息伦理失范问题进行直观描述；二是分析信息伦理内在结构与主体的变化。具体来说，在对智能时代信息伦理失范问题进行描述时，学者们采用了不同的视角和思路，如从国家、社会和个人的层面以及从身体、心理和行为的层面进行描述，这对本书的研究有很大的启示作用。但是，信息伦理失范问题的表现涉及身心两方面，且全球作为信息共同体休戚与共，如前文所述，信息伦理具有技术相关性、发展性和普遍性，因此，信息伦理失范问题总是动态变化的且普遍的。本书将基于信息生命周期的视角对信息伦理失范问题进行直观描述，把信息及信息行为视作一个整体，从本体论出发洞察信息行为不同阶段的信息伦理失范问题。智能时代信息伦理的结构和主体关系发生了变化，本书将在对信息伦理失范问题进行分析的基础上，归纳信息伦理内在结构与主体的变化，最后构建智能时代信息伦理的分析框架与研究体系。

（二）研究步骤与实施

1. 确定研究参与者与相关文本材料

本章将访谈法、观察法和文本分析法结合起来考察智能时代的信息伦理失范现象。在访谈法的运用方面，本章以互联网行业从业人员、信息技术和信息产品

① 克拉克·穆斯塔卡斯．现象学研究方法：原理、步骤和范例［M］．刘强，译．重庆：重庆大学出版社，2021：1.

开发人员、与信息技术和信息传播密切相关的专业的学生、热门互联网平台深度使用者为研究对象，采用目的性抽样方法，最终选择了16名不同年龄层的受访者，其中男性9名、女性7名。这16名受访者具备以下条件和特点：①第一类受访者主要是从事信息开发、信息传播、信息组织等工作的受访者，他们多是我国主流媒体或平台的工作人员，这些采访对象对智能时代的信息采集、算法推荐、信息传播方式等有着丰富且深刻的体验与认知；②第二类受访者是新闻与传播学、计算机科学、应用伦理学专业的学生，他们具备充足的有关信息伦理的理论知识，可进行具有一定学术深度的讨论；③第三类受访者是热门互联网平台的深度使用者，他们是信息全生命周期中信息活动的深度参与者，可以从受众的视角为本章研究提供丰富的素材；④受访者具备清晰的表达能力，可以充分理解本章研究的目的，与笔者相互尊重。受访者的基本情况如表3-1、表3-2、表3-3所示。

表3-1　第一类受访者的基本情况

编号	性别	年龄（岁）	学历	工作单位	工作内容	访谈时长（分钟）	访谈地点
P1	男	28	本科	郑州人民广播电台	信息采编	40	郑州市
P2	男	25	硕士	《羊城晚报》	信息/视频采编	70	广州市
P3	女	31	硕士	今日头条	信息产品推广	70	上海市
P4	男	29	本科	网易游戏	技术设计与优化	85	广州市
P5	女	32	本科	bilibili（B站）	信息分发推荐	60	上海市
P6	男	30	硕士	今日头条	技术设计与优化	75	郑州市

表3-2　第二类受访者的基本情况

编号	性别	年龄（岁）	学历	就读专业	访谈时长（分钟）	访谈地点
P7	男	25	硕士	传播学	45	郑州市
P8	女	24	硕士	计算机科学	70	广州市
P9	男	30	博士	应用伦理学	70	广州市
P10	女	29	博士	新闻与传播学	65	广州市

表 3-3 第三类受访者的基本情况

编号	性别	年龄（岁）	学历	使用平台	平台参与身份特征	访谈时长（分钟）	访谈地点
P11	女	25	硕士	微博	关键意见领袖	55	郑州市
P12	男	29	博士	微博	使用微博 12 年	45	广州市
P13	男	42	博士	今日头条	头条号主	50	上海市
P14	男	20	本科	抖音	抖音主播	40	郑州市
P15	女	21	本科	小红书	粉丝数超 10 万	40	郑州市
P16	女	24	本科	大众点评	V8 最高会员	45	广州市

受访者的基本情况如下：16 位受访者年龄最小者为 20 岁，年龄最大者为 42 岁，涉及“80 后”“90 后”“00 后”，是我国互联网发展的见证者。这些受访者每日都会主动接收各种信息，对信息活动的不同阶段都有深刻的体验。与此同时，他们大多对智能时代的信息技术、媒介平台有敏锐的洞察力。通过对他们进行深度访谈，笔者获得了大量真实且丰富的体验资料。

在观察法的运用方面，笔者深入具有代表性的信息活动场景，通过对具体的现象进行观察，发现并归纳信息伦理失范问题。结合现实情况，笔者基于一定的目的开展了部分观察活动，比如在利用算法装置和算法技术传情达意的相关产品的展览中，笔者观察了主创人员利用算法技术开展信息活动、创造信息产品的过程。也有一些观察活动是无意间进行的，比如笔者无意间在某商场观察到了外卖骑手与平台、商家之间的博弈。这些扎根生活的观察为笔者深入思考信息伦理失范问题提供了多元视角。

在文本分析法的运用方面，笔者基于新闻素材、行业报告中关于信息伦理以及信息伦理失范行为的描述，对信息伦理失范问题进行分析归纳，有利于进一步了解不同境域中的信息伦理失范现象，进而总结信息伦理结构和主体的变化。

2. 资料收集与整理

本章的资料收集包括三个渠道：一是对 16 位受访者进行现象学访谈，二是通过日常观察调研获取相关资料，三是收集近年来具有代表性的新闻文本、行业报告等图文视频资料。这里重点说明现象学访谈的具体流程，以及访谈后的资料整理工作。

首先，在每次访谈伊始笔者都会向受邀的访谈对象提供一份知情同意书，同

意书中具体阐明了本次访谈的目的、核心内容、访谈遵循的伦理原则以及保密原则。受访者会被告知受访过程采用录音、拍照等记录方式，以及访谈内容可能会呈现在研究成果中，相关观点在行文后会让受访者确认；受访者在访谈过程中若感到不适或由于其他主客观原因，可随时终止访谈。受访者参与研究的知情同意书参见附录一。

其次，在每次访谈开始前笔者都会制定访谈提纲，根据三类不同的受访对象，笔者制定了不同的访谈提纲（见附录二）。为了使受访者可以轻松自如地表达自己的观点，避免对其过度引导，所以相关问题的设计都比较宽泛，希望循序渐进地发现问题。在每次访谈开始之前，笔者会通过微信分别对受访者进行悬置访谈，即简要概述受访内容，以探查其偏见。随后确定正式访谈的核心问题：①针对第一类受访者主要了解信息技术在信息开发和信息传播中的应用情况以及存在的伦理问题，了解主要信息提供者、信息组织者的利益需求和伦理态度。例如，受访者日常的工作内容、算法技术在信息开发和智能推送中的应用情况、算法技术在日常工作中的参与程度以及传统新闻伦理在当代的变化和当下网络舆论场的伦理乱象等。②针对第二类受访者主要了解不同专业的学生对信息伦理问题的看法。例如，对于计算机科学专业的受访者了解数据采集技术的安全性有多高，对于应用伦理学专业的受访者了解其如何看待智能时代人与技术、人与信息的关系。③针对第三类受访者主要了解信息接收者或主要信息平台受众在信息活动中的信息行为习惯以及遇到的伦理问题。例如，受访者使用平台的时间、在该平台上的信息行为有哪些，使用平台有什么收获，以及平台的规则制定是否合理、平台是否有明确的伦理规则等。当然，具体的现象学访谈并不局限于这些问题，而是结合访谈对象与访谈目的不断深入访谈内容。

最后，与受访者提前约定访谈时间和访谈地点，按时访谈。笔者与 16 位受访者分别进行了面对面访谈，访谈时长为 40～85 分钟，访谈大多在安静的咖啡厅进行，有时也在公园或受访者家中进行。在访谈过程中，笔者不仅会记录核心内容，而且会观察并记录受访者的面部表情、肢体动作等。在每次访谈结束后，笔者会在当次访谈内容的基础上进行反思性总结，同时笔者会与受访者保持联系，以在出现新问题时完善访谈报告。

3. 资料处理与分析

为了确保研究准确与高效，资料收集和资料分析是同步进行的。笔者基于访谈笔记和访谈录音共整理出 16 份访谈资料、6 份观察资料，对这些资料以及收集的相关新闻材料、行业报告进行现象学主题分析，即文本分析。现象学主题分析是指恢复意义结构的过程，这些意义是还原在材料中的行为现象的具体化。① 现象学主题分析是一个不断挖掘意义的复杂且有创造性的过程，而本章归纳信息伦理失范主题的过程正是一个揭示、洞见和理解信息行为的过程。现象学主题分析有“自上而下”和“自下而上”两种范式②，“自上而下”是指在相关理论基础上形成现象学主题，“自下而上”是指通过具体的现象学资料分析和近距离观察归纳总结现象学主题。在本章研究中，两种范式并不是截然分开的，而是结合在一起的，一方面，在已有的信息生命周期理论、传统信息伦理理论框架内对信息伦理失范问题进行主题划分；另一方面，结合现象学访谈法、观察法和文本分析法分析资料生成相关的现象学主题。在此基础上，本章严格按照现象学主题分析的七个步骤进行，具体如表 3-4 所示。

表 3-4　现象学主题分析步骤

步骤	描述
（1）熟悉资料	仔细阅读访谈记录、观察记录和其他文本资料
（2）识别有意义的陈述	摘录与研究相关的关键且有意义的陈述
（3）构建意义单元	对资料中出现频率较高的观点进行归纳，在此过程中尽可能悬置自己对相关问题的成见与认识
（4）聚类主题雏形	对构建的主要观点进行推敲，并聚类为主题雏形
（5）展开详细描述	对主题雏形进行详细阐释，可以摘录原始材料中的陈述与表达
（6）生成基本结构	把类似主题放在一起对比理解，构建简短而有密集意义的主题结构
（7）检验基本结构	把上述主题反馈给受访者，反复检验主题设置的合理性

第一步，熟悉资料。笔者通过对 16 份访谈资料、6 份观察资料、相关新闻材料和行业报告进行反复阅读分析，初步形成了一个整体的理解：

整体而言，16 位受访者的信息实践经历是丰富而复杂的，这些经历基本涵盖了信息开发、信息传播、信息利用和信息组织的各个方面。信息伦理失范的具

① 马克斯·范梅南．实践现象学：现象学研究与写作中意义给予的方法［M］．尹垠，蒋开君，译．北京：教育科学出版社，2018：44.

② 朱光明．表扬与批评的意义——教育现象学的视角［D］．北京：北京大学，2008：71.

体情境包括技术应用、媒介管理和数据利用三个维度，而这些智能时代的显著特征几乎成为裹挟众生的洪流，身处其中，不同的人有不同的体验，但通过他们平实的叙述，我感受到了他们眼中真实、复杂而有魅力的智能时代。智能时代的技术发展通过新理念、新业态、新模式使传统信息伦理主体、信息文明生态发生了重大转变，大家对信息行为的多元讨论涉及信息内容本身的质量、传播媒介的选择、技术发展带来的新型权力控制和异化、伦理责任的归属等问题。基于这些内容分析智能时代信息伦理失范困境及其产生的原因，有利于笔者找到当前信息伦理和信息秩序建设的薄弱环节，从而有目的和针对性地建构智能时代信息伦理规约的理论和实践体系，有的放矢地消解各种信息伦理失范乱象。

第二步，识别有意义的陈述。通过对访谈资料、观察记录和新闻材料进行反复阅读，对其中的核心表述，或是与伦理相关的词句做标记，以备下一步的归纳总结。具体的操作方式如下：

P1：我们部门的总编其实很鼓励大家用算法或智能技术采写新闻，认为这能给我们解压，但我们比较担心算法出错，尤其是算法在数据检索过程中出现错误，到时候直接将新闻推送出来，内容出现了错误，责任该归谁呢？之前就有过类似的事……总编说是我们的责任，但我们认为是算法的问题，所以归责挺难的。

P5：视频在推送前需要贴标签，一般机器会先判断一下，比如这个视频属于搞笑、时政还是情感。我们会进行二次或者多次人工复核，经常发现依据算法先贴的视频标签很离谱……我们也会经常给算法编程人员反馈，但是毕竟我们不懂那些专业的设计，只能是向他们表达诉求，至于有时候同一个视频，换个时间，可能就生成的是另一个标签，我们也不懂为啥……

P8：在采集信息的时候，算法不一定比人靠谱啊……我们会给算法下指令，但大家的信息需求日新月异，有的时候算法已经过时而我们还在用，也有算法已自主学习到新的层次，我们却还没跟上技术发展的步伐的情况，所以人与技术的认知能力保持同步并不是很容易……像你们总说用价值引领算法，但既要让算法遵从人的价值观引导，又要让它自主进化，发生道德冲突也是在所难免。

P12：我用了很久的微博，基本都是从微博获取信息，怎么说呢，它对我的情绪影响很大。比如新冠疫情的时候，在家隔离我天天刷微博，大家情绪比较低落，看到很多负面的事情，也不是官方微博发布的消息，但我就会被影响，经常失眠。更可恶的是，有时候事情会发生反转，前一晚受其影响难过得不行，第二天官方声明又说那是个假信息……我都想把微博删了……反正就是信息太多了，浩如烟海，难辨真假……唉……后来无所谓了……

P14：哈哈，我不相信我们还有隐私，人人在互联网都是裸奔状态啊……有点伤心，抖音天天给我推送的视频都是些搞笑的，感觉它把我定位成了一个搞笑男，我真是服了。

P16：真的已经习惯了在去每家店之前看大众点评上的评价，如果评分不超过 4 分，别人再怎么推荐我也不会去……和朋友推荐相比，我还是觉得大众点评给出的分数更靠谱。

第三步，构建意义单元。对现象学材料中的关键词和主要观点进行归纳，把具有相同和相似意义的陈述归为一类，并建立一个意义单元。意义单元是笔者用专业敏感性和开放的研究态度从大量类似的表述中归纳出的，在本次研究中，笔者共筛选出 601 条“重要陈述”，把它们从资料中提取出来并列在另一个分析表格中，之后反复研读，共构建了 104 个意义单元，表 3–5 举例说明了本章构建意义单元的过程。

表 3–5　构建意义单元示意

重要陈述	构建意义单元
鼓励大家用算法或智能技术采写新闻	基于算法的信息采集与信息内容书写
我们不懂那些专业的设计	信息开发过程中的算法黑箱
感觉它把我定位成了一个搞笑男	算法本身带有偏见
我还是觉得大众点评给出的分数更靠谱	认知层面的算法至上、算法崇拜

第四步，聚类主题雏形。现象学研究强调对主题进行界定和划分，本章对 104 个意义单元进行了“主题”命名。在这个过程中，深入分析和推敲意义单元，结合信息生命周期理论和信息伦理，对意义单元进行分类，例如，有关算法技术的意义单元较多地涉及信息开发环节，本章将其归为信息开发阶段的主要信息伦理问题，这样的分类并非表明技术问题只发生在信息开发阶段，而是为了方便后续步骤的展开和针对伦理主体的分析。表 3–6 举例说明了本章聚类主题雏形的过程。

表 3-6 聚类主题雏形

构建意义单元	聚类主题雏形
“隐私已死”观念、零隐私世界 公共信息开发与隐私保护之间的冲突 隐私侵犯带来的个人自由丧失 隐私侵犯带来的符号化风险 流动的信息隐私无处不在 隐私边界模糊 ……	隐私侵犯屡见不鲜
基于算法的信息采集与信息内容书写 算法本身带有偏见 认知层面的算法至上、算法崇拜 信息开发过程中的算法黑箱 ……	算法黑箱、算法歧视与算法主义
数字身份公私权属与治理边界模糊 存在不可被数据化的特殊群体 数字身份和现实身份不完全等同 可能给数字身份主体带来异化风险 ……	数字身份的治理困境

第五步，展开详细描述。这个过程是基于第四步的主题，针对不同的信息伦理失范问题展开详细的描述。为了准确描述信息伦理失范问题，笔者不仅插入了受访者的原始陈述，而且增加了报告、新闻材料等论据，可使对主题的描述更加清晰具体，充分展示每个主题的意义。表 3-7 举例说明了本章详细描述主题的过程。

表 3-7 主题意义及详细描述

聚类主题雏形	详细描述
隐私侵犯屡见不鲜	智能技术的变革引发人们对隐私安全的担忧，出现了“隐私不保”“零隐私世界”“隐私终结”等观念。我不相信我们还有隐私，人人在互联网上都是裸奔状态啊（P14）。在你接入互联网的那一刻你就没有隐私啦，我们做视频会把海量信息当成养料投放给算法，算法知道的关于你的信息越来越多，它也就越来越厉害（P5）。这些消极观念的出现不仅体现出技术、公权力、数据解析社会等因素交织在一起带来的隐私侵犯现实，而且反映了人们对技术进步营造的监控社会的恐惧、精英人士对隐私无用或可以牺牲的观点的表达，以及学者对传统隐私观念消逝的反思……

续表

聚类主题雏形	详细描述
算法黑箱	算法黑箱会对新闻编辑、执法者等的工作带来难题，比如算法新闻的“数据输入”、“对谁负责”和“算法偏见”等问题，正如在广播电台负责信息采编的P1所言：我们部门的总编其实很鼓励大家用算法或智能技术采写新闻，认为这能给我们解压，但我们比较担心算法出错，尤其是算法在数据检索过程中出现错误，到时候直接将新闻推送出来，内容出现了错误，责任该归谁呢？之前就有过类似的事……总编说是我们的责任，但我们认为是算法的问题，所以归责挺难的

第六步，生成基本结构。这一步主要是把相近的聚类主题雏形及其描述归为一节进行分析、总结和反思，在这个过程中，笔者尝试概括出简短但直接的语句，作为信息伦理失范现实的主题。表 3-8 举例说明了本章生成基本结构的过程。

表 3-8　主题雏形整合，生成基本结构

聚类主题雏形	主题
信息开发过载 隐私侵犯屡见不鲜 算法黑箱、算法歧视和算法主义	信息开发中的伦理风险
信息污染 信息偏差、信息鸿沟 个人信息流动与名誉管理双重挑战	信息传播中的伦理风险
数字身份的治理困境 个人数据权归属不清	信息利用中的伦理风险

现象学研究者认为，“现象学研究的主观性不可避免”①，为了尽可能保证研究的客观性，笔者对访谈文本进行了三次分析处理。由于每次访谈笔者都会被受访者的经历所感染，因此笔者自身也产生了很多关联情绪。为了避免在访谈刚结束时笔者将自身的主观情绪带入资料处理与分析过程，笔者又分别在初次资料处理与分析结束后的一个月和两个月分别进行了一次资料处理与分析。在三次资料分析的过程中，笔者不断修正信息伦理问题的归类和表述。表 3-9 是本章三次资料分析的时间记录。

① 克拉克·穆斯塔卡斯．现象学研究方法：原理、步骤和范例［M］．刘强，译．重庆：重庆大学出版社，2021：43.

表 3-9 三次资料处理与分析的时间

主要任务	第一次	第二次	第三次
访谈资料处理与分析	访谈结束后 48 小时内	2023 年 1 月 27 日至 2023 年 1 月 30 日	2023 年 2 月 26 日至 2023 年 2 月 28 日

第七步，检验基本结构。为了保证研究的真实准确，笔者将归纳出的主题分别反馈给受访者，主要目的在于确认表述的准确性，对于存疑的地方，与受访者进行了讨论，并在此基础上对研究进行了完善。整体来说，笔者提炼出的智能时代信息伦理失范现实的主题结构基本可以全面真实反映当下的主要信息伦理问题。

4. 研究信效度检验

信度和效度都是定量研究客观有效的判定标准，多是通过采用严谨的方法程序摒弃研究中的主观性问题，从而保证研究的客观性。定性研究与定量研究不同，很难用效度等标准来判定成功与否。尽管现象学对信度和效度的判定存在异议，但其仍然致力于规范客观的研究过程。在现象学看来，成功有效的现象学描述是可以使读者产生共鸣和认同感的，并对描述的现象感同身受，即“现象学式的点头”。[①] 换言之，现象学的信效度就是现象描述的准确度，其描述的内容可以进一步启发人们对现象背后原因的思考。结合麦克斯韦尔（Maxwell）给出的定性研究的效度检验方法，可以从以下几个方面考察本章研究的信效度：长时间对现象的关注、获取了充足丰富的研究资料、受访者对主题结构的检验和认可。[②] 在研究过程中，笔者对信息伦理核心问题的关注持续了较长时间，从熟悉理论、深入观察、访谈调研到资料分析，在一年多的时间里，获取了丰富的访谈资料、行业报告和新闻报道等，同时通过向受访者反馈归纳的主题并与之进行讨论，不断修改和完善描述，尽可能地提升了研究的信效度。

5. 现象学写作

现象学写作是通过文字对生活体验进行的“如其现实情境般显现的描述”，是运用简单、客观的描述性语言对世界情境进行展现。基于此，笔者力争客观地描述信息伦理失范现实，并不断反思和分析信息伦理失范现实背后的伦理关系和

① 陈向明. 从“范式”的视角看质的研究之定位［J］. 教育研究，2008（5）：30-35，67.

② Maxwell J A. Using Qualitative Methods for Causal Explanation［J］. Field Methods，2004，16（3）：243-264.

伦理冲突。同时，现象学写作过程不仅是描述的过程，而且是思考和再创作的过程，笔者力求在此过程中唤起受访者和身处智能时代的每一个读者的共鸣，为信息伦理结构完善和信息秩序建设目标的达成奠定基础。

二、信息开发中的伦理风险

信息开发是指增加信息量，丰富信息资源或为信息活动提供新的手段、方式等的各种行为。[①] 生产新的信息、打通新的信息通道、研发新的信息产品等都属于信息开发，其以信息技术的发展为基础。信息的关系性、涌现性和共享性，说明了一切信息都是人工信息，都是一种技术性存在，是信息技术的产物。信息具有价值，卢西亚诺·弗洛里迪指出，信息通常和信息实践联系在一起，用来指客观的（独立或外在于心智的以及独立于接收者的意义上）语义内容，这些语义内容含有不同的价值，它们可以用一连串的代码和格式加以表述，并被嵌入不同的物理操作中，它们能够以各种形式被采集、开发和处理。[②] 进一步地说，信息是嵌在信息技术中的意义性存在，没有信息技术，信息就无所依托。[③] 随着人工智能被纳入我国“新基建”目标，其肩负起了信息技术演化生成信息基础设施的重要使命，并以算法、算力、数据三位一体的信息基础设施为载体赋予全行业全社会信息开发能力，进而充分挖掘信息的价值，推动社会治理模式改进和城市智能化水平提升。在本章中，信息开发中的伦理风险既包括技术发展带来的伦理困境，也包括信息开发主体在具体操作中的伦理失范现象。

（一）信息开发过载，隐私侵犯屡见不鲜

信息开发一旦过载，就会对信息主体造成侵犯。信息侵犯是“基于信息的伤害”，即如果无法得到某种信息，就不会造成某些伤害。[④] 这样的伤害从大处说

---

① 吕耀怀，等．数字化生存的道德空间：信息伦理学的理论与实践［M］．北京：中国人民大学出版社，2018：68.

② 卢西亚诺·弗洛里迪．计算与信息哲学导论［M］．刘钢，主译．北京：商务印书馆，2010：132.

③ 肖峰．科学技术哲学探新（学派篇）［M］．广州：华南理工大学出版社，2021：222.

④ 尤瑞恩·范登·霍文，约翰·维克特．信息技术与道德哲学［M］．赵迎欢，宋吉鑫，张勤，译．北京：科学出版社，2014：265.

可能会侵犯国家主权和国家利益，从小处说可能会侵犯个人名誉、尊严、财产和隐私。特别是当前大数据技术可直接采集、处理个人信息，所以隐私保护正受到前所未有的冲击。

隐私是一种个人价值，也是一种基本权利，是指私人生活不被他人非法干扰、私人信息不被他人非法搜集和公开[①]，隐私本身就包含着人格尊严和自由权利等伦理要素。信息开发必然会对隐私和隐私权造成冲击，这些冲击使隐私具有了新的特征并产生了新的伦理问题。

1. 隐私的新特征

首先，信息隐私无处不在。当下，隐私权理论正在由“空间”叙事范式转向“信息”叙事范式，信息技术的进步导致个人信息正以“数据”形式不断突破传统隐私保护的空间[②]，这在一定程度上说明信息隐私实质是个人数据和隐私概念外延的交叉域。信息隐私是由信息、生物和认知等方面的新技术利用和解析个人数据所带来的隐私问题的新领域，隐私意味着一种可以控制个人数据的披露时间和方式的能力[③]，常见的信息隐私有位置隐私、工作隐私、医疗隐私和消费者隐私等。当下，信息处于无时无刻流动的状态，城市中的各种监控设备让人们的隐私变得透明。在东莞松山湖的华为总部内，一面巨大的屏幕上正清晰地显示着深圳市区的交通状况，这些信息包含众多维度，绿色、红色分别表示不同道路的交通运行状况，点击具体的路口，可以进一步展现路口的摄像头，每个摄像头记录着众多生物信息等隐私信息，交通治理的工作人员可以通过调节信号灯等信息基础设施，实现对智慧城市的高效治理。华为相关负责人介绍智慧城市的核心在于在城市建立无处不在的连接，借助公共信息数据云平台对信息进行开发和挖掘，改变之前信息碎片与信息孤岛的状况（现象学观察笔记，20210514）。联合国发布的《数字时代的隐私权》报告显示，截至 2021 年，全球的监控摄像头数量超过 10 亿个，从世界上监控密度最高的 10 个城市来说，每千名公民的监控摄像头数量为 39～115 个。[④] 遍地的监控设施带来了海量的数据，世界变得透明，而个人数据与隐私高度相关，个人数据的解析和利用本质上已经成为信息隐私的

---

① 张新宝. 隐私权的法律保护［M］. 北京：群众出版社，1997：2.

② 周冲.《民法典》个人信息保护条款解读及其对新闻报道的影响［J］. 新闻记者，2020（10）：87-96.

③ Himma K E，Tavani H T. The Handbook of Information and Computer Ethics［M］. Hoboken：John Wiley & Sons，2008：26.

④ 联合国人权事务高级专员办事处. 数字时代的隐私权［R］. 2022.

建构和生成机制①，对个人数据的利用使信息隐私保护变得极其脆弱，人们经常失去对自身信息和数据的控制能力，进而失去免受干扰的私人空间。

其次，公民隐私处于公共领域，使隐私的边界变得模糊。隐私的边界即主体控制隐私的权利范围，通常把隐私边界分为私人领域和公共领域，其中私人领域是个人独自控制隐私的范围，公共领域是个人在公开平台发布或分享隐私内容的范围，个人在分享内容时往往会根据意愿决定是否把隐私信息公之于众，然而，在智能技术的影响下，隐私的边界不再是固定的，而是可改变的，传统的隐私边界已不复存在。隐私边界变得模糊既有人们社会交往的原因，也是技术发展对隐私影响的结果。一方面，在传统媒体时代，人们的社会交往主要以“圈子”为核心，圈子的实质是利益关系网②，人们多依据血缘、地缘进行信息披露和隐私保护。费孝通指出，中国的社会结构呈现“差序格局”，把石头丢进水中，水面上出现一圈圈的波纹，由中心向四周扩散。③ 中心往往是关系最亲密的亲人，往外是朋友、熟人或是陌生人，人们会根据关系的亲疏程度选择是否分享隐私以及分享的程度。这样的圈子泾渭分明，一个人往往很难进入另一个人的圈子中，人们之间的社会关系和隐私边界很清晰。因此，为了持久地和不同圈层的成员保持关系，人们便会自主决定对不同圈层披露隐私的程度。然而，随着互联网的发展，虚拟关系开始影响隐私边界。智能时代人际关系的建立更多的是依靠人们的兴趣、情感、社交需求等，算法通过解析数据帮助个体与他人建立新的“相关关系”，并形成强关系和弱关系。智能媒体中的强关系具有双向互动性，且互动程度高、内容深入私人领域、伴随情感交流，而隐私信息无疑是这种交流的重要介质。④ 受访者 P10 的感受尤为强烈：“就如微信，是典型的以强关系为基础的社交媒体，我即使是和没有血缘或地缘的两个人或几个人，也可以通过频繁地互动而拥有强关系，这个过程会扩大我的社交圈，有时还会产生资源交换和情感交流，但我也必须承认，我的隐私信息也更大范围地扩散了，多少还是有点担忧。”另一方面，在网络空间中，公共领域已经完全覆盖了私人领域，隐私被数据化后留存于网络中，个人数据的流动极易形成“整合型隐私”⑤，即建立在数据解析

---

① 段伟文．信息文明的伦理基础［M］．上海：上海人民出版社，2020：64.

② 王如鹏．简论圈子文化［J］．学术交流，2009（11）：128-132.

③ 费孝通．乡土中国［M］．北京：北京大学出版社，2012：42.

④ 顾理平，王飔濛．从圈子到关系：智媒时代公私边界渗透及隐私风险［J］．社会科学辑刊，2022（3）：184-190，209.

⑤ 顾理平．整合型隐私：大数据时代隐私的新类型［J］．南京社会科学，2020（4）：106-111，122.

基础上，整合个人某些数据而形成的隐私。在海德格尔看来，个人的价值实现依赖于与他人的交往互动，而每当主体与他人在网络中进行交互时，个体既要努力保持主体的独立性，避免隐私被过度侵犯，又要借助隐私的价值功能实现“与他人的共在”。个体间“交互主体性”[①] 的构造进一步导致了公共领域的出现，整合型隐私可能会在个体的主动交互过程中流入公共领域，从私人信息变成公共信息，进而具有公共性。[②]

最后，隐私侵犯表现出无感伤害的特点。整合型隐私无处不在，以某种目的收集的个人信息隐私可以被再次利用。平台、商业机构等多元主体很容易就能得到人们的隐私信息，而且会以人们无法预料的方式控制这些隐私信息，这种隐私侵权原本会造成隐私主体的身心不安，但在当下，隐私侵犯成为“无感伤害”，即侵犯公民隐私权的行为客观存在，但隐私主体却没有感知到这种伤害。[③] 相关研究表明，我国绝大部分网站都会与第三方共享用户隐私信息，且较少有网站明确表明不会出售用户个人信息，大部分网站没能明确告知用户不使用该服务时的退出机制。[④] 未经用户许可就对个人隐私信息进行二次利用的现象屡见不鲜，这对用户造成的伤害往往不能被直接感知，具有滞后性，有些受害者是在接到诈骗电话、虚假广告时，才意识到自己的隐私信息遭到泄露。*真的无语，我经常会收到某某金融平台的催账电话，可是我压根儿就没有使用过它们的产品，这明显就是个人信息被泄露了，但我也找不到泄露源头*（P7）。然而，多数用户无法确定个人隐私是在何时何地被何平台盗取和侵犯的，这给隐私侵犯的伤害评估和情境追责带来了挑战。当然，互联网的便捷易使人们对其产生了依赖，因此隐私主体通过主动让渡隐私来换取服务也是发生“无感伤害”的原因之一。面对隐私保护内容不全、未切实保护个人隐私安全等问题，许多公民会为了当下的便利，继续使用存在隐私保护隐患的网站或平台，并持续留存隐私信息，这些网站或平台也会继续心安理得地采集和利用这些信息，无感伤害就这样一直持续着。[⑤]

中国互联网络信息中心发布的第 48 次《中国互联网络发展状况统计报告》

---

① 段伟文．信息文明的伦理基础［M］．上海：上海人民出版社，2020：41.

② 陈亦新．信息隐私的价值冲突与伦理治理［J］．青年记者，2022（8）：42-44.

③ 顾理平．无感伤害：大数据时代隐私侵权的新特点［J］．新闻大学，2019（2）：24-32，118.

④ 申琦．我国网站隐私保护政策研究：基于 49 家网站的内容分析［J］．新闻大学，2015（4）：43-50，85.

⑤ 邵国松，薛凡伟，郑一媛，等．我国网站个人信息保护水平研究——基于《网络安全法》对我国 500 家网站的实证分析［J］．新闻记者，2018（3）：55-65.

显示，有22.8%的网民遭遇过个人信息泄露事件[①]，个人信息泄露已经成为占比最高、最为严重的网络安全问题。人们任何在互联网上的信息行为都会被追踪，尽管人们会对其中的一些监控行为感到不适，但大多数人并不知道是谁在监控自己，也不知道监控者会如何利用个人信息，这就造成了一个悖论：人们总是主动或被动地分享个人信息，让渡部分隐私，但人们无法决定这些信息被开发的程度，无法对信息开发者实行监督和问责，两者之间的不平衡关系持续存在，造成了人们担心隐私泄露的焦虑心理。

2. 有关隐私的新的伦理问题

信息开发也带来了关于隐私的新的伦理问题。

第一，“隐私已死”与隐私价值的观念冲突。智能技术的变革引发人们对隐私安全的担忧，出现了“隐私不保”“零隐私世界”“隐私终结”等观念。我不相信我们还有隐私，人人在互联网上都是裸奔状态啊（P14）。在你接入互联网的那一刻你就没有隐私啦，我们做视频会把海量信息当成养料投放给算法，算法知道的关于你的信息越来越多，它也就越来越厉害（P5）。这些消极观念的出现不仅体现出技术、公权力、数据解析社会等因素交织在一起带来的隐私侵犯现实，而且反映了人们对技术进步营造的监控社会的恐惧、精英人士对隐私无用或可以牺牲的观点的表达，以及学者对传统隐私观念消逝的反思。[②] 如果反过来理解这些关于隐私的悲观论调，其正是众人对隐私侵犯现实的发声，使隐私的价值在智能时代得到了凸显。虽然（对于隐私侵犯的现实）无能为力吧，但我还是觉得人应该有捍卫隐私的权利和能力，这也是每个人之所以和别人不同的独特性啊（P5）。价值可以分为工具价值和内在价值，隐私的工具价值在个人层面体现为它满足了个人数据化生存的需求以及使人具有建立社交关系、情感关系的能力，在社会层面体现为提高企业信息产品和服务的供需匹配效率、增强政府的公共管理和应急能力、助力人工智能等新技术的发展。[③] 隐私的内在价值在于它是每个人生存的必要权益和价值。如果把生命、知识、能力、幸福、资源和安全视为全人类共享的核心价值，即现存伦理道德倡导的必要价值理念，虽然隐私不在

---

① 中国互联网络信息中心．中国互联网络发展状况统计报告（第48次）［EB/OL］．［2021-09-15］．http：//www.cnnic.net.cn/hlwfzyj/hlwxzbg/hlwtjbg/202109/P020210915523670981527.pdf.

② 俞立根，顾理平．“隐私已死”与技术社会的想象式抵抗［J］．新闻记者，2022（7）：58-70.

③ 徐艺心．信息隐私保护制度研究：困境与重建［M］．北京：中国传媒大学出版社，2019：43.

其中，但它是这些核心价值中安全价值的表达。[①] 可以看出，无论是隐私的工具价值还是内在价值，都存在社会利益与个人利益的空间以及工具理性总体扩张但价值理性保有空间的矛盾张力，[②] 这构成了数据解析社会中“隐私已死”与隐私价值冲突的逻辑基础。

第二，公共信息开发与个人隐私保护之间的冲突。公民隐私处于公共领域使隐私的边界变得模糊，公共信息和隐私信息混杂在互联网之中，这导致两者之间产生价值冲突，冲突表现在两个方面：一方面，信息具有巨大价值，对信息的价值进行开发符合社会发展的需要，但信息中存在脱敏信息和非脱敏信息，那些没有脱敏的信息包含着个人的隐私；信息还分为“公共的”和“存在于公共空间的”两种形式，在数据所有权不清晰的情况下，“存在于公共空间的”涉及个人隐私的信息面临着被恶意利用和开发滥用的风险。我们（平台）有一套完整的用户信息保护机制，设置了很多层级和防御关卡，但如果你让我完全保证信息不会泄露，这还是有点难度，你看国外非常有名的平台都发生过数据被泄露的事情，当然……我感觉我们比他们强（P6）。从商业角度来讲，平台获取个人数据是其拓宽对外连接的基础，谁掌握更多的信息，谁就能获得更多的财富，数据已经演变成一种新的财产权——智慧财产权利（Intellectual Property Rights），信息上升为首要资源，信息拥有者在网络中不断扩张他们的权益空间[③]，这意味着数据和信息不再是传统意义上的公共物品，而是在加速商品化，可以进行交换和管理，运营商或平台总是会不遗余力地挖掘用户信息获得收益。剑桥分析公司违反Facebook的服务条款，窃取了8000多万个用户的数据，目的是在2016年大选中向选民投放政治广告，两年后，Facebook又一次泄露了来自106个国家和地区超过5.33亿个账户的个人信息，这些数据包括用户的电话号码、Facebook ID、全名、位置、出生日期、电子邮件地址等[④]，给用户造成巨大损失。当公共信息开发与个人隐私保护发生冲突时，个体受到的伤害往往更大，流动的信息在当下的

---

① 乔尔·鲁蒂诺，安东尼·格雷博什．媒体与信息伦理学［M］．霍政欣，罗赞，陈莉，等译．北京：北京大学出版社，2009：277.

② 陈昌凤，虞鑫．智能时代的信息价值观研究：技术属性、媒介语境与价值范畴［J］．编辑之友，2019（6）：5-12.

③ May C. The Global Political Economy of Intellectual Property Rights：The New Enclosures？［M］. New York：Routledge，2000.

④ 腾讯科技．5.53亿Facebook用户个人信息被泄露［EB/OL］．［2021-04-04］．https：//view.inews.qq.com/k/20210404A014E000？web_channel=wap&openApp=false.

互联网中时常处于个人无法控制的状态，呈现“有私无隐”的局面。

第三，隐私侵犯带来的个人自由丧失与符号化风险。隐私侵犯给个人带来的影响主要是信息滥采、信息滥用、信息监控对个人造成的伤害，表现为个体自由的外在丧失风险、个体自由的内在丧失和符号化风险。个体自由的外在丧失风险是个体无法掌控个人信息，电信运营商或平台等对个人信息的不当使用对个人造成负面影响或伤害。例如，近年来出现的大数据杀熟现象，就是平台基于对用户数据的解析，对不同用户采用不同的产品和服务分发策略，平台控制人在网络空间中的自由度，形成了像阿尔文·托夫勒在《第三次浪潮》中提及的人们正在进入被信息和信息化商品充斥的“管控社会”。① 个体自由的内在丧失风险表现为个体失去了主观能动性，即个人失去了在网络中主动创造和塑造自我的能力以及与技术反抗博弈的能力。例如，个人信息数据的集聚会帮助平台绘制用户的数字画像，这些信息数据延伸了隐私的工具价值，但平台绘制的数字画像仅呈现个体的部分“真实”，会使个体在现实中产生认知偏差。隐私侵犯还会给人带来符号化风险，这是智能时代隐私侵犯产生的新风险。当人们以信息和数据的形式记录具备“信息化在场”的突出特征时，信息数据也会成为社会评价人的标准。当然，人们总是会采取一系列的措施来抵抗信息主义、数据霸权带来的隐私过度控制和人的异化，但这样的抵抗同时可能造成对公共利益的损害，反噬隐私产生的工具价值。

（二）技术批判视角下的算法黑箱、算法歧视与算法主义

智能时代的信息开发依赖人工智能技术，而人工智能的本质是算法。詹姆斯·亨德勒和爱丽丝·M. 穆维西尔指出，以算法为核心的智能技术正快速全面介入个体生活、社区治理以及人类面对的全球问题等层面，万物都将“全数落网”。② 信息开发离不开算法，然而数据并不能直接和信息画等号，只有经过算法处理和分析的数据才能成为信息或知识，才能产生价值，因此算法成为信息开发中的核心技术。我们平台针对用户的信息开发和智能推送都需要依靠算法进行，只是在不同的场景中应用的算法不同，常见的算法种类包括基于内容、位置、兴趣等算法，算法的参数设计我们是可以自主设定和调整的（P3）。算法既

① 陈亦新．信息隐私的价值冲突与伦理治理［J］．青年记者，2022（8）：42-44.

② 詹姆斯·亨德勒，爱丽丝·M. 穆维西尔．社会机器：即将到来的人工智能、社会网络与人类的碰撞［M］．王晓，王帅，王俊，译．北京：机械工业出版社，2018：13.

包括技术逻辑，也蕴含人的逻辑，是人性与物性的自洽。算法的物性表现在算法运行有着自身规律，技术规律遵从自然规律；算法的人性表现在算法是人为制造出来的，它鲜明地体现着人的目的性，其发展必然会受到算法设计者和使用者意识的制约。海德格尔认为，现代技术并非实现目的的单纯手段，而是事物和世界的构造。[①] 在海德格尔看来，技术有着不以人的意志为转移的发展过程，人类的生存环境需要依赖技术赋能，但同时技术活动仍需要在人类的自觉理性范畴内开展，人要对算法进行价值引领，毕竟“人类的命运取决于人们如何利用技术以及防范技术带来的不良后果”[②]。

依据安德鲁·芬伯格的技术批判理论来看，算法并不是中立的，算法是人性和物性的自洽，是技术自主性和非自主性的统一。在信息开发过程中，算法总是会受到多元权力主体和多元价值诉求的影响，基于外在因素与自身技术逻辑开发和处理信息。这是个挺复杂的过程，目前我们的算法已经可以采集用户很多层面的信息，但可以采集和能不能采集的确是两件事，需要技术、采编、市场、法务等很多部门共同协商，这还只是我们平台内部，如果涉及平台间的合作，要沟通和衡量的事务就更复杂了（P6）。算法技术并不是信息开发中诸多权益、价值问题中的一个，而是使所有问题成为问题的元问题。[③] 算法并非中立意味着算法偏见的存在，但众多研究表明，存在算法偏见并不意味着一定会出现算法歧视，算法歧视的责任主体主要是人，算法歧视主要是由于人们在信息开发实践中盲从或进行价值诱导引起的。在认识论层面，算法设计者、使用者或应用者对算法价值的颠覆，容易产生唯科学主义、算法至上、算法崇拜等算法主义的伦理问题。基于此，接下来从信息开发的认识和实践两个层面分析信息开发过程中出现的与算法相关的伦理问题。

算法的运行依赖机器学习能力，其决策过程具有不透明的特征，因此算法常常被视为“黑箱”。算法黑箱主要分为隐瞒或淡化算法运行逻辑和规则的“真实黑箱”、算法公开的内容只限于法律或商业机密保护范畴的“法律黑箱”、提供

---

① 冈特·绍伊博尔德．海德格尔分析新时代的技术［M］．宋祖良，译．北京：中国社会科学出版社，1993：24.

② 冈特·绍伊博尔德．海德格尔分析新时代的技术［M］．宋祖良，译．北京：中国社会科学出版社，1993：81.

③ 姜晨，颜云霞．“何以向善”：大数据时代的算法治理与反思——访上海交通大学媒体与传播学院教授陈堂发［J］．传媒观察，2022（6）：36-41.

冗余信息或晦涩信息增强算法监管难度的“制造混乱”。[①] 算法黑箱多与透明度问题联系在一起。打开算法黑箱，并非简单地公开更多算法信息以提高算法透明度，而应该是通过提高透明度实现算法的可理解性（P8）。当前，算法黑箱影响着人们基于算法技术开展的各种信息实践。结合相关访谈以及学者探讨的算法黑箱在信息实践中带给人们的负面后果，本书可以梳理出多个层面的问题：第一，算法黑箱在自主学习过程中产生的问题多是隐蔽的，有学者把这样的结果看作算法偏见的表征。第二，算法黑箱会给新闻编辑、执法者的工作带来难题，如算法新闻的“数据输入”“对谁负责”“算法偏见”等问题。[②] 我们部门的总编其实很鼓励大家用算法或智能技术采写新闻，认为这能给我们解压，但我们比较担心算法出错，尤其是算法在数据检索过程中出现错误，到时候直接将新闻推送出来，内容错误，责任该归谁呢？之前就有过类似的事……总编说是我们的责任，但我们认为是算法的问题，所以归责挺难的（P1）。第三，算法黑箱与企业或平台等算法应用的相关组织联系在一起，透明度问题就不再只指算法技术的透明，而且包括企业或平台在技术应用时的负责任态度。自 20 世纪 90 年代算法供应链透明运动开始，基于技术的信息披露成为监管商业行为的方式，算法黑箱延伸出“组织黑箱”问题。[③]《算法应用的用户感知调查与分析报告 2021》显示，在相关平台或企业基于算法技术提供的信息采集和分发实践中，20. 34%的用户完全不了解和 44. 64%的用户不太了解平台或企业使用算法的内容和目的，超八成用户认为平台或企业需要对算法进行解释，但无论是详尽解释还是简单解释，最重要的是可以被用户理解。[④] 这表明大多数用户乐于享受算法技术带来的便利，但对算法的认知并不充分，对提高算法的解释性具有较大的诉求。综合以上算法黑箱存在的问题和人们对打开黑箱的企盼可以看出，算法黑箱问题既有算法技术层面的问题，也有算法设计者和使用者方面的非技术问题。算法黑箱问题的影响广泛，直接促使算法歧视和算法主义等伦理问题的出现。

---

① Pasquale F. The Black Box Society：The Secret Algorithms That Control Money and Information ［M］. Cambridge：Harvard University Press，2015：48.

② 仇筠茜，陈昌凤. 基于人工智能与算法新闻透明度的“黑箱”打开方式选择［J］. 郑州大学学报（哲学社会科学版），2018，51（5）：84-88，159.

③ Doorey D J. The Transparent Supply Chain：From Resistance to Implementation at Nike and Levi-Strauss［J］. Journal of Business Ethics，2011，103（4）：587-603.

④ 对外经济贸易大学数字经济与法律创新研究中心，中国人民大学数字经济研究中心，蚂蚁集团研究院. 算法应用的用户感知调查与分析报告 2021［R］. 2022.

算法技术天然地带有算法偏见，算法黑箱会使算法偏见深化为大规模的算法歧视。偏见本是人类专有的一个特征，类似于刻板印象或人们潜在持有的某种信念。在海德格尔看来，偏见是“理解的前结构”，是将某事物当作某事物加以解释，通过先行具有、先行见到和先行掌握来起作用，解释从来不是对先行给定的东西所做的无前提的把握。① 这里先行给定的东西就是“理解的前结构”，即偏见。对于算法而言，其“理解的前结构”涉及采集信息的质量、算法设计者的指令和算法自身的技术逻辑，因此算法偏见主要包括信息偏见，如虚假信息可能导致算法结果的不公；算法设计者偏见，这种偏见既可能是恶意设计的偏见，也可能是无意的偏见，即人在认识世界和理解世界中不可避免的偏见；算法本身的偏见，在算法系统中，基于算法分类进行的优先化排序、关联性选择和过滤性排除是一种直接歧视，涉及差别性对待与不公正。② 算法偏见不可避免，从信息数据的采集到信息数据的分析，技术与非技术的偏见会以多种方式进入算法，并输出有偏见的结果。虽然算法歧视通常是由算法偏见导致的，但并不是所有的算法偏见都会导致算法歧视，偏见是一种认知，而歧视会带来不良后果，只有那些具有负面价值和消极意味的算法偏见才会转化为算法歧视。③ 算法天然地带有偏见，当人对算法偏见不加审查或者缺乏价值引领就做出决策时常常会形成算法歧视，在一定程度上可以说算法歧视是人没有对算法进行合理规制而造成的。一方面，算法设计时存在歧视，算法设计者可能将自身的歧视或偏见嵌入算法决策系统，《算法应用的用户感知调查与分析报告 2021》显示四分之一的人经常经历差别定价，但很多人在遭遇差别定价时并不自知。④ 另一方面，算法使用者和用户盲目地信任算法结果，缺乏道德判断或价值判断，致使算法偏见毫无障碍地通过人们的决策形成算法歧视。因此，算法设计者和算法使用者都应该为算法歧视问题负责。智能时代，先前的算法歧视还可能会延续到未来，形成“输入—歧视—输出”的恶性循环⑤，加剧现实社会中的不公平现象，使整个社会产生难以弥合

---

① 马丁·海德格尔．存在与时间（修订译本）［M］．陈嘉映，王庆节，译．北京：生活·读书·新知三联书店，2012：176.

② 杨成越，罗先觉．算法歧视的综合治理初探［J］．科学与社会，2018，8（4）：1-12，64.

③ 孟令宇．从算法偏见到算法歧视：算法歧视的责任问题探究［J］．东北大学学报（社会科学版），2022，24（1）：1-9.

④ 对外经济贸易大学数字经济与法律创新研究中心，中国人民大学数字经济研究中心，蚂蚁集团研究院．算法应用的用户感知调查与分析报告 2021［R］．2022.

⑤ 邵国松，黄琪．算法伤害和解释权［J］．国际新闻界，2019，41（12）：27-43.

的巨大裂痕。

如果说算法歧视是一种信息开发实践中的伦理问题，那在人们的认知层面，歧视表现为人们如何看待算法和算法结果，出现了算法至上、算法崇拜等算法主义伦理问题。算法主义最显著的表现就是认为任何事物和任何人都可以用算法表示或替代，即世界的算法化和人以算法的方式存在，在这种主张下形成了追求效率、量化等新的社会价值评判标准和指导信息活动实践的意识形态。算法技术被应用在信息开发中，优势就在于其具有较高的效率和力量，可以对不同信息进行分析并以此解释和预测社会发展。尽管算法可以给人们提供更高层次的知识，使人们产生前所未有的洞见，但其不等同于客观、准确。算法主义认为，算法成为裁决和判断事实的主导性的价值标准，在这样的价值标准下会产生很多社会问题。在个人层面，算法主义造成个人自主性的消减，算法崇拜就是以算法自主性替代人类自主性。我日常接收信息主要就是依靠今日头条的推送，它给我推送什么我就看什么（P13）。人们对算法新闻不加判断地接收，实质就是个体信息选择权利的让渡和丧失；算法看似解放了人们的大脑，却可能对人进行新的奴役，同时算法技术在采集信息时，还存在侵犯隐私和超量获取个人信息的可能。在社会层面，若算法窥探人们的信息活动成为常态，一方面，这可能引发数字鸿沟问题，如算法技术会将老年人、残疾人等弱势群体排除在外，成为智能时代的“无家可归者”；另一方面，还可能引发社会不平等问题，如一项关于谷歌广告推荐目标的调查显示，较多的高薪职位招聘广告投放给了男性用户，显示出算法对女性的歧视，这被认为影响了女性在社会中获得更好职位和更高地位的机会。[①]

在智能时代，信息开发依赖算法技术发挥重要作用，但由于算法天然地带有偏见以及人们在认识和使用算法时存在偏差，导致了算法伦理问题的出现，主要表现为以算法歧视和算法主义为代表的规范性伦理风险和认知性伦理风险。有学者对这两种伦理风险进行了更细致的归纳：规范性伦理风险表现为不公平的结果和变革的不良影响，认知性伦理风险表现为不确定的证据、不可解读的证据和误导性的证据。[②] 这些风险的解决都指向公平、可追溯、可解释、负责任的算法，未来需要引导算法向善并用主流价值引领算法在信息开发中发挥更多正向作用。

---

① Datta A，Tschantz M C，Datta A. Automated Experiments on Ad Privacy Settings ［J］. Proceeding on Privacy Enhancing Technologies，2015（1）：94.

② 陈昌凤，吕宇翔．算法伦理研究：视角、框架和原则［J］．内蒙古社会科学，2022，43（3）：163-170，213.

三、信息传播中的伦理风险

信息传播是指将信息内容或信息产品通过媒介提供给用户，以满足用户信息需求的过程。信息传播中的伦理问题主要包含三个维度：信息内容属性、信息传播方式和信息获取效果。① 具体来说，信息内容属性主要强调信息是否具有多样性，信息内容本身是否有害于信息生态建设，优质的信息内容应该不存在虚假信息、恐怖信息或谣言；信息传播方式涉及媒介本身，即平台或媒介进行信息传播是否遵守了相关行业伦理规范，是否营造了良好的信息秩序；信息获取效果是指信息传播是否满足了多数人在法律允许的范围内平等公开地获取信息的需求。基于此，本部分将从以上三个方面阐释信息传播中的伦理风险，以及信息在流动中对个人信息权利造成的负面影响。

（一）信息污染、信息偏差与信息鸿沟

戴维·申克把每天堆积如山、不请自来的海量信息称作“信息烟尘”，其中，没有传播价值的信息会占据信息通道，他认为这样的信息会造成信息梗阻。② 这些泛滥成灾且没有传播价值的信息主要是不良信息，包括谣言与虚假信息，这些不良信息会给人们带来干扰或伤害，败坏网络空间的道德风气，造成信息污染。

近年来，国家多次开展“清朗·网络暴力专项治理行动”，相关数据实行常态化发布。国家互联网信息办公室违法和不良信息举报中心发布的数据显示，2022 年 4 月微博、抖音、百度、腾讯、知乎、哔哩哔哩、小红书、快手、豆瓣、网易、新浪、搜狐等主要商业网站平台重点受理泄露他人隐私、散布虚假信息、造谣诽谤等网络侵权举报达 43.96 万件。③ 由于网络中的信息较易被删改、拼接

① 沙勇忠．信息伦理学［M］．北京：国家图书馆出版社，2004：110.

② 戴维·申克．信息烟尘：在信息爆炸中求生存［M］．黄锫坚，朱付元，荷芷江，译．南昌：江西教育出版社，2001：208.

③ 21 世纪经济报道．国家网信办公布网暴治理情况 4 月微博、抖音等受理侮辱诽谤等举报超 40 万件［EB/OL］．［2022-05-13］．https：//finance. eastmoney. com/a/202205132379051315. html.

和虚拟生成，以及人们不在场的信息行为让很多信息无法即时验证真伪，因此网络空间中的虚假信息和谣言比现实中多。我和另一个主播完全不认识，但昵称有些接近，就被网友捆绑炒作，每当我澄清事实的时候就会有人骂我，也让我明白来看你直播的人并不都是你的粉丝，也很可能是来看笑话的（P14）。不良信息行为造成的信息污染，可以分为用恶毒语言直接进行人身攻击的“重度信息污染”；使用不雅用语污染网络生态环境的“中度信息污染”；书写另类、表达混乱、有意制造误解的“轻度信息污染”。[①] 这些信息伦理失范行为不仅反映出部分网民的道德素质低下和道德观念淡化，也说明当下互联网平台对很多网络不良行为缺少严格规范，这些违背公序良俗的信息伦理失范行为正扰乱舆论场的信息秩序，对大众（尤其是青少年）造成巨大的伤害，并且这种伤害有时很难治愈，是亟须解决的社会问题。

在“信息烟尘”的背景下，能够进行信息快速检索、数据深度挖掘、平台信息智能推送的算法技术主导着信息传播。算法本是有限、抽象、有规律并产生一定效果的复合控制结构，可在具体的规则下实现特定的任务。[②] 但基于不同的理解视角，算法不仅是工具、规制、行为主体，还代表着权力。权力，是特定主体拥有的以支配他人或影响他人的资源[③]，算法权力表现出算法对当下信息资源的调配。近年来，随着数据新闻、个性化新闻的出现，算法在信息传播中的主导地位日益凸显，成为重塑国家、平台、媒介和个体传播格局的权力标尺。[④] 当信息传播中算法权力的存在成为既定事实，算法在施展权力的过程中出现的伦理问题便成为人们着重讨论的对象。从个体方面来看，个人的信息权利受到威胁。我日常接收的信息九成以上都是平台利用算法推给我的信息流，我主动搜索东西的频率已经越来越低了（P14）。小红书给我推送的全是博士复试、博士相亲的内容，我真的感到吃惊，我没有主动搜索过这些内容，但它能定位我的身份，你说精准推送吧，是不假，但其实我一点也不想看这些啊，总是感到同辈压力（P10）。尽管算法能满足用户的个性化需求，但算法程序根据个体的信息行为绘制带有主观偏向的用户画像，圈定用户所属群体，并决定分配何种类型的信息，

---

① 肖峰．信息文明的哲学研究［M］．北京：人民出版社，2019：301-302.

② Hill R K. What an Algorithm is［J］. Philosophy & Technology，2016，29（1）：35-59.

③ 尤尔根·哈贝马斯．作为“意识形态”的技术和科学［M］．李黎，郭官义，译．上海：学林出版社，1999：17.

④ 陈昌凤，吕宇翔．算法伦理研究：视角、框架和原则［J］．内蒙古社会科学，2022，43（3）：163-170，213.

这有损个体的信息选择权；算法营造“过滤气泡”式的信息接收环境，建构着个体对社会的想象，这会加剧信息的窄化和个体思想固化的风险，形成信息茧房，不利于保障个体的信息知情权。[①] 从媒体方面来看，算法不仅部分取代了记者生产信息的权力，以及编辑把关的权力，甚至还会对后台数据进行干预，这使算法既挤占了一些传媒市场，也在一定程度上摆脱了对信息内容的监管。[②] 对于我们以传统报纸安身立命的媒体来说，算法对我们的冲击挺大的，之前我们每天都会开编播会，以此确定新闻选题、分配新闻任务，但现在一周才开一次组会，算法会帮助我们基于全网信息热度来确定新闻选题，当然也会帮我们采写新闻，算法会全流程参与我们的工作。对于我来说压力还是有的，就像这几年的报业裁员潮，看似是报纸这种媒介的衰退，其实是技术进步的权力扩张（P2）。从社会方面来看，算法生产怎样的信息、传播怎样的信息，都引领着整个社会舆论生态以及未来价值观的走向。在媒体算法的作用下，舆论场中出现了很多数字化的新型共同体，这些数字化的新型共同体本质上是彼此不相见的人通过算法联系在一起，不同于传统的因出身而形成的社群，新型共同体中的成员是主动加入的，成员之间有共同的喜好或对某一事物有一致的认知，如共同的崇拜对象、共同的审美取向或共同的政治选择，个体在共同体中可得到身份认同、产生情感共鸣，进而产生社群优越感、群体认同感和排他感。每当媒体算法通过过滤机制，针对不同社群分发不同信息时，社群与社群之间会形成空间区隔，而媒体算法高度分化的社群区隔，会导致社会共识达成困难，给社会凝聚力的增强带来挑战。[③] 不难看出，算法权力已经贯穿个体、组织及社会的多个层面，控制并影响着线上和线下两个世界人们的信息行为。无论是信息茧房还是社群区隔，它们都是信息偏差的外显，包括信息内容的偏差、信息推送的偏差、信息接收的偏差和信息价值观的偏差。在算法权力主导信息传播的智能时代，我们应该警惕算法造成的伦理问题，这既要考虑算法本身的设计和价值引领，也需要关注个体与算法的理性互动及个体信息素养的提高。

信息鸿沟表现为信息传播中信息富有者和信息贫困者的差别，智能时代的信

---

① 林爱珺，刘运红．智能新闻信息分发中的算法偏见与伦理规制［J］．新闻大学，2020（1）：29-39，125-126.

② 尤红．媒体融合智能化演进中的算法权力与风险防范［J］．南京社会科学，2019（7）：120-125，134.

③ 林爱珺，陈亦新．信息熵、媒体算法与价值引领［J］．湖南师范大学社会科学学报，2022，51（2）：125-131.

息鸿沟表现为基于算法权力和信息网络空间知识权力结构的排他性的信息产生和再生产机制。① 智能时代的信息鸿沟不再仅仅表现为信息富有者比信息贫困者更能借助技术手段获取和处理信息，更为重要的是掌握信息并挖掘信息价值获利的能力。在过去的30年里，信息鸿沟的形式发生了变化，从最初的接入鸿沟（信息鸿沟1.0）、网络使用的素养鸿沟（信息鸿沟2.0）到智能时代以数据为核心的智能鸿沟（信息鸿沟3.0），这三个阶段分别对应着政府、社会和企业三大不同主体。② 当下的信息鸿沟问题的实质是不同平台掌握的算法技术成为社会不平等和不公正的影响因素。具体来说，早期信息技术的发展虽然也会产生信息鸿沟，比如优先掌握先进技术的国家会比其他国家获得更多的发展机遇，但其为人们提供了更多的言论渠道和言论权力，而随着算法技术的介入，互联网企业及互联网平台被赋予了更多权力。算法权力的背后是控制算法运行规则和运行逻辑的平台资本，资本雄厚的互联网平台和企业掌握着信息传播市场的流量密码，在此种格局下，算法与资本的合谋孕育出一种新型信息资本主义——监视资本主义。③ 平台不仅能通过采集、分析和利用人们的信息行为以获取利益并控制市场，而且可能会成为凯西·奥尼尔眼中的霸权代表，进一步扩大信息鸿沟。

自2021年以来，国家互联网信息办公室等部门多次约谈或进驻阿里巴巴、腾讯、滴滴等互联网平台，且《网络安全审查办法》自2022年2月15日起施行，不断完善平台的安全风险评估机制。尽管信息秩序和信息文明建设需要算法等人工智能技术工具，但不能认为技术发展会自然而然地按照技术逻辑解决人类社会的所有问题，因为算法内含的逻辑并不具有唯一的社会结果，算法该如何使用、被谁使用都会影响算法的效用。因此，算法的价值引领和价值实现不仅依靠算法本身，还依靠算法应用的社会，其造成的信息鸿沟问题的解决，还需要向善和正义的信息制度建设和信息伦理规范。

（二）个人信息流动与名誉管理的双重挑战

名誉是对个体品德、能力、信用、声望等的社会评价，当下的社会评价很多

---

① 段伟文．信息文明的伦理基础［M］．上海：上海人民出版社，2020：74.

② 钟祥铭，方兴东．智能鸿沟：数字鸿沟范式转变［J］．现代传播（中国传媒大学学报），2022，44（4）：133-142.

③ Zuboff S. Big Other：Surveillance Capitalism and the Prospects of an Information Civilization［J］. Journal of Information Technology，2015，30（1）：75-89.

时候是基于个人信息和数据进行的，无论是消费者对外卖骑手、快递员、网约车司机、店铺等的评价还是用人机构对应聘人员的评分、投资机构对用户的信用评分，都日趋信息化、数据化。信息评价代表了一种规则理性化的趋势，它有利于现有法律、公权力、平台私权力的执行和扩张，是对数据流动社会中各种规范和社会标准进一步确认、固定化和再生产的过程。[①] 对于被评价的个体而言，评价标准是一致的，信息评价把人的名誉具象化了，通过信息和数据来彰显人格尊严。网络中这些以信息和数据形式呈现的名誉是人格尊严的一部分，这不仅是因为在法律层面名誉是人格权的重要组成内容，对名誉的侵犯就是对人格尊严的侵犯，而且还因为个人信息数据中包含个人隐私，两者之间有一定的交叉重叠，因而信息数据被赋予了人格性，对信息数据的管理就是对名誉的管理。[②] 在智能时代，名誉管理包括个人名誉管理和机构名誉管理，名誉在信息流动过程中被侵犯实质是信息不受信息主体的控制，进而造成了人格尊严的伤害或机构利益的损失，为此当下的名誉管理面临着双重挑战。

名誉管理涉及个人在网络空间中的声誉和社会评价。我经常会在自己的社交账号上发布一些动态，认为还是应该树立乐观自信的形象（P11）。我很在意别人（在社交平台）对我的评价，所有评论我都会看，有的时候会删掉一些让我感觉不舒服的评论，偶尔我也会拉黑一些人（P14）。对于个人来说，提升个人名誉可以通过发布正面积极的内容或删除负面消极的内容进行，但由于数据总是处于流动之中且时常难以自控，因此个人名誉管理面临着伦理争议。例如，西班牙谷歌案被视为全球首例被遗忘权案，引起了不小的争议。西班牙公民冈萨雷斯向谷歌公司提出申请，要求删除十年前关于自己的不动产被强制拍卖的数据链接，在他看来，不动产强制拍卖这件事情已经结束，而存留在网络中的相关数据信息会对自己的名誉造成损害。该案经过西班牙数据保护局裁决、西班牙国家高级法院裁决、谷歌公司上诉、欧洲法院再裁决等过程后，谷歌公司被要求删除相关被控数据，并保证在未来相关数据不能再被其他用户检索（现象学资料收集，2022-10-26）。该案件引起了人们对如何在网络中进行个人名誉管理的争议。一方面，从欧洲法院的裁决可以看出，数据主体有权要求互联网平台删除有关自己的过时的、不完整的信息，通过保护个人数据权利进而保护个人的名誉，充分显

① 胡凌．数字社会权力的来源：评分、算法与规范的再生产［J］．交大法学，2019（1）：21-34.

② 刘云雷，刘磊．数据要素市场培育发展的伦理问题及其规制［J］．伦理学研究，2022（3）：96-103.

示了对个人名誉和隐私的保护比其他公众获取公共信息和平台获取经济利益更重要，被认为是“欧洲个人信息保护的胜利”①。另一方面，该案的裁决结果会对公共领域的信息自由、表达自由以及公众知情权带来消极影响，判决书要求个人数据成为公共财产，而不是被特定的数据主体所“控制”②，这样的观点从本质上否定了被删除权的合理性，看似是对个人名誉的保护，却会帮助一些人隐瞒不光彩的历史并造成权力滥用。该案件的裁决结果公布不久后，谷歌公司为其平台用户提供了删除个人相关数据链接的在线申请服务，服务上线第一天就收到了超过 12000 份申请。③ 这也进一步引发了人们对“公共领域”中的个人数据是否有权被删除的合理性讨论，这也是个人名誉保护与公众知情权冲突的表现。

与西班牙谷歌案类似，2015 年的任甲玉诉百度案是我国被遗忘权第一案。在这个案件中，任甲玉曾和陶氏教育进行过合作，合作期满之后陶氏教育接二连三曝出负面新闻，这也给任甲玉带来了名誉上的负面影响。为此，任甲玉向搜索引擎百度投诉，认为相关搜索内容侵犯其名誉权，应当被删除，但是百度并没有删除相关搜索内容，故任甲玉向北京市海淀区人民法院起诉请求法院判令百度公司立即停止对任甲玉姓名权、名誉权实施的一切侵权行为，并赔礼道歉、消除影响等。最终法院认为百度公司在“相关搜索”中推荐的有关任甲玉及“陶氏教育”与相关学习法的词条是对相关检索词内容的客观呈现，属于客观、中立、及时的技术平台服务，并无侵害任甲玉主张权益的过错与违法行为，而任甲玉主张的被遗忘权的内容也不具有利益的正当性及保护的必要性，因为该信息是任甲玉本身经历的一部分，有助于学生了解他的生平，并且其与陶氏教育合作时是完全行为能力人，没有特殊保护的主体性（现象学资料收集，2022-10-26）。显然，中国法院在相同的情境下考虑更多的是采集和传播信息的目的正当性、必要性以及公共利益，尽管个人名誉有可能面临侵害，但侵害事实并未成立，更重要的是，并非所有网络中的个人数据都有权被删除，尤其是那些涉及公共利益并可能会对公众认知产生误导的数据并不应该被删除。面对数据流动可能影响个人名誉的问题，需要权衡个人数据权利和公众利益等多重因素，尽管互联网是有记忆

① 郑文明．新媒体时代个人信息保护的里程碑——“谷歌诉西班牙数据保护局”案解读［J］．新闻界，2014（23）：76-80.

② 罗伯特·C. 波斯特，王旭．数据隐私与尊严隐私：谷歌西班牙案、被遗忘权与公共领域的构建［J］．京师法学，2019，12（00）：3-93.

③ Google Gets 12000 Requests to be “Forgotten” on First Day ［N］. ABC News，2014-06-01.

的，但当人们改变旧面貌时，能否还有机会在数字世界重新树立形象，抑或是相对于互联网的永久记忆，人们是否应该选择学会遗忘，这是数据化生存中人们正面临的伦理困境。

在信息传播过程中，企业或相关机构也会面临名誉管理的伦理困境。近年来，数据造假给企业带来名誉危机的事件也屡见不鲜。2018 年，旅游类点评网站马蜂窝被曝 2100 万条的用户点评中有 1800 万条是通过机器人“搬运”大众点评等平台的相关内容，而且平台中的游记类内容还夹杂着不少软广告和虚假营销信息。马蜂窝作为以“用户原创内容”为核心竞争力的互联网平台，大量的用户数据使其获得了庞大的流量和收益。但是此次数据造假和抄袭使马蜂窝被冠以“一座僵尸和水军构成的鬼城”① 的名号，导致马蜂窝名誉严重受损，商业价值随之暴跌。智能时代，用户的隐私保护和数据安全已经成为企业和平台名誉管理的重要内容，欧盟发布的《通用数据保护条例》就强调要在用户数据被窃取或泄露时及时向用户通报，并弥补用户损失，否则就会造成企业名誉下降和信任危机。

总之，当前信息传播过程中个人或企业的名誉管理面临着伦理风险和挑战，其核心在于使名誉具象化的数据在流动中是否得到了保护和合理利用，同时名誉管理和公共利益之间的冲突也亟待解决，需要从伦理层面进一步引导和规范。

四、信息利用中的伦理风险

从信息生命周期的视角来看，信息利用是信息价值充分被挖掘的重要环节，信息利用从某种程度上说就是对信息背后数据的利用。数据是人们感知现实事物而形成的原始记录，对数据进行解析并明确它们之间的联系就成为信息，数据是信息形成的基础。信息作为重要的资产和资源，具有不可限量的价值，理查德·波斯纳认为，如果网络空间中的信息不能被自由利用的话，它就是一种道德上的恶，因为这样会阻碍数字经济和人工智能等高新技术产业的发展，也会阻碍智能

① 新浪财经．估值 175 亿的旅游独角兽马蜂窝　是座水军构成的鬼城？［EB/OL］．［2018-10-21］．http：//finance．sina．com．cn/chanjing/gsnews/2018-10-21/doc-ifxeuwws6481263．shtml．

社会的发展。[①] 尽管这样的观点有些绝对，毕竟不是所有的信息都可被利用，需要考虑信息权利和信息利用是否合规等因素，但通过信息利用创造更多的价值始终是智能社会所期许的。在智能时代，基于数据的信息化和智能化发展已经成为全球发展的趋势，数据解析社会正在成为人类社会发展的现实样貌。就我国而言，《中华人民共和国数据安全法》《中华人民共和国个人信息保护法》相继出台，其目的都在于面向智能时代实施兼具可执行性与开放性的数据合规利用政策。然而，信息利用过程中还存在诸多伦理冲突和道德抉择问题。

（一）数字身份的建构与治理困境

波斯特在数据库出现时就说过，数据和数据库是一种话语，它影响着主体的建构，建构着人们的习惯、价值和趣味，个人数据成为人们身份的构成要素，并对人们重新定位和定性。[②] 当下每个人都是数据的主体，身份不再具有“社会性”人格，或是他者认同的功能，而变成了生物数据功能，具有数字人格。数字身份是现实世界的人、物、系统等实体映射到数字或网络空间具有唯一性的标识符。[③] 数字身份将真实身份信息浓缩为数字标识代码，其直接意义在于确认网络行为的责任人，确保个体虚拟空间活动的正常进行。在我国，数字身份改变了以居民身份证为核心的基础身份制度，数据和算法将个体的身份信息和流动社会中的技术、媒介、平台关联起来，形成了数据解析社会复杂的、动态的身份系统。

身份是个体区别于他人的主要主体特征，在人的信息化在场中，个体身份以信息的呈现方式建构于信息界面，成为信息化的数字身份。不同于公民身份，数字身份是一种全网参与的新观念，它在信息化在场的环境下，揭示了个体在信息构造和数据解析中的关系和互动嵌入状态，成为个体在现实空间和网络空间中的标识。[④] 因此，数字身份的建构既遵循技术逻辑，也遵循人的逻辑。

数字身份是技术发展进步的产物，技术的工具属性满足了个体在虚拟空间的身份认定和认同需求。由于个人数据和信息具有可计算性，因此人被看作可以进行度量和计算的客体，根据可度量类型可以对人进行分类和定义。可度量类型是

---

① 彭诚信．数据利用的根本矛盾何以消除——基于隐私、信息与数据的法理厘清［J］．探索与争鸣，2020（2）：79-85，158-159，161.

② 麦永雄．德勒兹哲性诗学：跨语境理论意义［M］．桂林：广西师范大学出版社，2013：236.

③ 冀俊峰．数字身份：元宇宙时代的智能通行证［M］．北京：中国人民大学出版社，2023：5.

④ 德斯蒙德·莫利斯．亲密行为［M］．何道宽，译．上海：复旦大学出版社，2010：248.

用来捕捉和分析高速运行的数据信息的强大工具，是数字身份建构的技术工具[①]，数字身份的建构不再是基于现实生活中的经验和冲突，而变成了依赖即时变化的算法和算法模型。算法具有“递归”特性，即算法中每一层级的信息分析都是建立在上一层级的分析基础上的，具有“点对点”的关系渐进性和连续性，可以用关系和其他的维度去定义身份。数字身份的数据信息散落在不同产品中，如微信存储着个人社交信息，支付宝存储着个人交易信息，众多不同属性的信息都是个人数字身份的组成部分，数据越全面，身份就越完整。数字身份可能每分每秒都处于变化之中，成为一种“恰逢其时”的身份。在这种技术逻辑中，寻找万物互联的规律，并通过区块链和算法等技术给个体“赋权”，可使数字身份成为个人特征、行为、能力的集合。在技术人员看来，当下“码”的应用流程就是利用技术打通不同场景，连接不同平台，实现对个人数据的关联聚合，“码”作为重要的数字身份标识，它具有独一无二性，一人一码，码码相通（P8）。在具有流动性的社会中，码亦能实时更新，确保个人身份无障碍的信息化呈现。[②]

数字身份的建构遵循人的逻辑，它依存于人的社会性，需要符合主体的物理特征。“身份”这个词作为社会学概念来源于西方，长期以来，学者们对“身份”的认识形成了三种代表性的观点。一是身份以个体意识为中心，主体能动性在身份建构中起决定性作用，为此康德倡导“自我”概念、黑格尔提出自我意识的主奴关系等。二是身份是在社会关系中发展来的，倡导具有政治属性的身份建构模式，韦伯、弗洛伊德等强调社会环境对个人身份的塑造有决定作用。三是个体的身份是多变的，不存在绝对的核心身份，倡导后现代主义的去中心的身份建构模式，福柯、斯图亚特·霍尔等表达了对统一身份的质疑。综观这三种观点可知，传统身份的建构思路主要是个体建构、集体建构和社会建构，身份既包含个体在社会活动中的自我认识，也包括社会环境赋予的个体之间的差异和群体认知，即身份来自个体对其社会群体或多个社会群体成员资格的认识，以及对赋予该资格的价值观和情感意义的认识。[③] 无论是何种身份建构思路，有一点是肯定

---

① 约翰·切尼-利波尔德. 数据失控：算法时代的个体危机［M］. 张昌宏，译. 北京：电子工业出版社，2019：65.

② 吴静. 从健康码到数据身体：数字化时代的生命政治［J］. 南通大学学报（社会科学版），2021，37（1）：8-15.

③ Tajfel H. Human Groups and Social Categories：Studies in Social Psychology［M］. Cambridge：Cambridge University Press，1981：66.

的，身份建构离不开人的社会性，即使是数字身份也仍是以符合主体特征为前提的。数字身份的建构过程正是人类“深度数据化”的过程，从物质维度、精神维度和信息维度完成了对人闭环式的记录。在物质维度，数字身份包括人脸、指纹、声音、虹膜、身形等个体间具有显著生命特征差异的身份信息。在精神维度，元宇宙中的数字身份已经先行一步，借助神经科学完成认知计算和情绪计算，实现对主体内心的解读；在信息维度，主要是对主体数字关系等信息的获取。身份具有关系性，关系的性质和强度会影响身份的位置，进而影响个体对资源的获取和目标的达成。① 在互联网中，每个人都与其他人交织在一起，人们总是通过人与人之间的联系来呈现自我。无论是在社交网站中主动建立关系，还是被动接受关系②，个人社交图像和社交网络关系都是数字身份的重要组成部分。数字身份是个体自我表达及社会交往需求的网络呈现，人们在互联网上的互动依旧是人与人之间的社会互动，数字身份是人现实社会身份的延伸。③

数字身份上承国家政策，下启社会治理，是通过数据进行自我认知、自我表达和自我记录的身份表现，是加快国家信息化发展进程和提升国家应急管理水平的“金钥匙”。然而，当人连同个人身份被拆解、外化成各种数据时，人们会在一定程度上失去对自我身份建构的控制力，产生一系列伦理问题，这些问题可以从结构、功能和价值三个层面进行归纳。

第一，数字身份面临着结构性挑战，表现为数字身份公私权属规则与治理边界模糊。身份一旦通过数据定义，就意味着生命被档案化，人们不再是作为一个活生生的生命，而是作为一个被身份、信息等固定在治理机制之内的数据。④ 在社会治理语境中，社会现有的制度安排和权力结构很大程度上决定了数字身份嵌入当前政府治理体系的方式与路径。数字身份存在多元治理主体，但多元治理主体的权责边界尚未厘清。在我国，数字身份需要得到政府部门的背书授权，政府部门会让渡部分公共管理的权力，允许互联网平台和电信运营商依法获取公民的信息，这些企业进行公共服务的同时，也共同参与对数字身份的治理。

---

① 郝龙．认同、规范与资本——身份意涵的多重表述［J］．湖北民族学院学报（哲学社会科学版），2018，36（3）：111-118.

② 南希·K．拜厄姆．交往在云端：数字时代的人际关系［M］．董晨宇，唐悦哲，译．北京：中国人民大学出版社，2020：130.

③ 王敏，胡钰．“价值镜”：理解数字身份之间的社会交往［J］．青年记者，2022（2）：13-16.

④ 蓝江．生命档案化、算法治理和流众——数字时代的生命政治［J］．探索与争鸣，2020（9）：105-114，159.

第二，数字身份存在功能性失灵风险，表现为存在不可被数据化的特殊群体。数字身份遵循技术逻辑，但技术赋能的适用范围是有限的，并不是所有人都可以通过数字身份而参与到社会生活中。

第三，数字身份面临价值性迷失风险，表现为数字身份与现实身份不具有同一性，可能给主体带来的异化危机使其丧失主体性。从当下的现实来看，数字身份并不能完全代表“完整”的个体实体，数字身份虽然智能，但不全能，数字身份有时更像是一种算法身份，是叠加在现实公民身份之上的关于个体的算法知识。数字身份是被平台和算法技术建构的、处于动态变化中的“存在”，它仅仅映射出个体实体的部分“真实”，这会使个体在现实中产生认知偏差。程序化的技术运作机制将人的身份数据化，这忽视了人的情感因素，特别是组织及管理制度还不足以驾驭技术时，技术赋能的工具理性可能反噬或俘虏治理的价值理性。[①] 一旦数字身份与现实物理身份相背离，个体在数据和算法作用下容易成为受平台和资本操控的工具，丧失人何以为人的主体性。[②] 数字身份能够兼容个体理性与公共诉求，但并不能消除两者之间的张力，如此便产生了信息利用中有关数字身份的伦理风险。

（二）个人数据所有权归属不清

在信息利用过程中，哪些数据和信息是可以利用的，哪些是不可以利用的，需要相关部门和平台提前说明，但现实是许多情况下个人数据的所有权归属并不清晰。数据所有权具备一般产权的内涵，涵盖了数据的占有、使用和支配，即数据到底归属于谁？数据产出的价值和收益又该如何分配？2020 年《中共中央　国务院关于构建更加完善的要素市场化配置体制机制的意见》明确指出“数据”成为继土地、劳动力、资本、技术后的第五大生产要素，这意味着数据不再只牵涉个人隐私和信息本身，而是具有了财产属性，成为新型财产，数据要素市场的培育直接关系社会数据资源的开发、整合、共享和保护。当下，数据兼具形式要素和实质要素，形式要素是数据符号所依附的介质，实质要素是数据财产所承载

① 马丽．技术赋能嵌入重大风险治理的逻辑与挑战［J］．宁夏社会科学，2022（1）：54-62.

② 徐强．拟像抑或真实：数字主体的身份确认［J］．南京师大学报（社会科学版），2022（1）：152-160.

的有价值的信息。[①] 因此，数据安全保护既需要有法律层面的隐私保护制度和安全审查制度，也需要建立数据确权和数据利益分配的相关保障措施。然而，数据所有权并不等同于具有排他性的传统物权，数据在其生产、利用和传播过程中会有不同的支配主体，数据所有权包括个人数据所有权、企业数据所有权和国家数据所有权，但当下“数据主体客体化”现象严重，即受数据爬虫、数据滥用等因素影响，数据主体既无财产权，也无人格权[②]，数据确权过程中伦理冲突频发，这成为确定数据归属权的难点所在。

在个人层面，很多情况下个人并不拥有对其数据的处置权，对于经由平台或组织加工处理的个人数据是否还归个人所有目前仍然存在很大的争议。

在企业和平台层面，数据成为市场竞争的核心要素，企业之间的数据权属冲突经常发生。“华为腾讯之争”便是对平台数据所有权的争夺，事件的起因是当时华为旗下的荣耀的 Magic 系列手机上线了一个新功能，可以通过用户信息采集提供更多的智慧服务，如通过微信内容推荐周边餐厅等，为此腾讯控诉华为侵犯了其用户的隐私数据，夺取了属于腾讯平台的数据。[③] 从本质上讲，腾讯和华为争夺的是数据的使用权和收益权，是硬件终端和软件公司之间的数据之争。在一项关于“华为和腾讯数据之争，你支持谁?”的问卷调查中，支持腾讯和华为的人数大体相当，两者都不支持或无法做出判断的人数占比高达 36. 13%[④]，这充分显示出大家对数据权属界定问题的疑惑，最终工业和信息化部等部门介入两家公司的磋商谈判，明确了相关数据获取和使用的原则。显然，数据权属问题仍然面临着很大争议，数据所有权的确定存在一定难度。

在国家层面，全球化发展背景下数据的跨境流通直接关系到数据主权安全。数据主权是指国家及其政权管辖地域内的数据享有生成、传播、管理、控制、利用和保护的权力[⑤]，数据跨境流动给国家数据主权带来了新的挑战。目前，发达

---

① 高完成．大数据交易背景下数据产权问题研究［J］．重庆邮电大学学报（社会科学版），2018（1）：37-43.

② 何渊．数据法学［M］．北京：北京大学出版社，2020：8.

③ 界面新闻．工信部回应华为腾讯数据之争：正组织调查　敦促企业规范搜集［EB/OL］．［2017-08-08］. https：//www. jiemian. com/article/1533802. html.

④ 搜狐网．华为腾讯撕逼大战，用户数据何去何从?［EB/OL］．［2017-08-09］. https：//www. sohu. com/a/162153022_618883.

⑤ 齐爱民，盘佳．数据权、数据主权的确立与大数据保护的基本原则［J］．苏州大学学报（哲学社会科学版），2015，36（1）：64-70，191.

国家和发展中国家的数据鸿沟正日益加剧，数据霸权在世界范围内广泛存在并逐渐成为数据跨境流动的安全隐患。[①]

总之，数据所有权的归属问题是在数据市场化配置的背景下出现的新问题，随着数据解析社会的深入发展，它也已经成为信息利用过程中亟须解决的问题。数据所有权归属不明会造成个人隐私侵犯、行业不当竞争，甚至威胁国家主权安全，因此，数据所有权的确定需要充分考虑数据流动、公平分配和数据安全等因素。

（三）信息异化：个人信息沉溺与主体能力丧失

信息利用涉及人们利用信息的态度和行为，不合理的信息利用行为会造成信息异化。异化是社会学的概念，指某个事物的现实状态与其本质或真实内涵相分离和疏远，也指人创造出来的东西反过来成为支配人的力量。[②] 马克思提出了资本主义下的劳动异化，它包括劳动产品和劳动者之间的异化，即本应被劳动者支配的劳动产品反过来成为统治劳动者的力量；劳动者在劳动中的自我异化，表现为个人丧失自主性、能动性和批判性。在智能时代，以算法为代表的信息技术也时常“反客为主”成为支配和控制人的力量，或者说是个体被算法奴役而失去了主体性，这样的现象正是信息异化。

沿着马克思劳动异化的逻辑，信息异化有两个显著表现：第一，个人信息沉溺现象，即对某种信息产品、信息技术或信息平台的过度依赖和过度崇拜。“抖音五分钟，人间一小时”这说的一点不假，我感觉一看短视频，时间就过得特别快，我每次都想克制自己，但那个手不听使唤啊（P14）。迈克尔·J. 奎因指出，过度上网的人会对自己及其需要负责的人造成伤害，因此，过度上网是个道德问题。[③] 信息沉溺表现出个体对待信息时的盲目、无助和缺少理性，人们对某些信息内容的过度需求或某些信息载体的过度迷恋属于信息强迫症的表现，也可以说是一种“离线焦虑”，此时的信息已经不再是人们可支配的资源或是认识世界的渠道，而变成了生活的终极目标，[④] 人成为信息的“奴隶”。第二，主体能力的

① 刘云雷，刘磊．数据要素市场培育发展的伦理问题及其规制［J］．伦理学研究，2022（3）：96-103.

② Blackburn S. The Oxford Dictionary of Philosophy［M］. Oxford：Oxford University Press，1996：14.

③ 迈克尔·J. 奎因．互联网伦理：信息时代的道德重构［M］．王益民，译．北京：电子工业出版社，2016：135.

④ 肖峰．信息文明的哲学研究［M］．北京：人民出版社，2019：304.

丧失。当个体的能力向自己的创造物转移时，工具或技术就替代了人的功能，个人的主体地位在工具或技术面前完全丧失，成为马尔库塞所指的“单向度的人”。在智能时代，人的物理特征是大数据算法分析的原料，分析个人信息数据可以准确识别并定位个体，分析个人信息行为数据可以预测个人的信息行为趋势。大数据算法作为人类认识与改造世界的工具，理应为人类所用，但当算法可以识别并预测个体的行为时，不受约束的形式化与逻辑化的算法可能反客为主，监视与控制人的行为①，于是就会出现信息伦理失范现象。

下午2点，在某商场新开的一家咖啡店门口，已经聚集了超过8个外卖骑手，并且数量还在不断增加，最多时达到了14个。大多数骑手愁眉苦脸，他们在等着取外卖，但该店店员较少且出现了爆单现象，导致无法应对这一局面。随着时间一点一点过去，很多骑手开始烦躁、生气，甚至愤然离去。“等了快40分钟了，都还没出餐。”“我和顾客说了情况，人家要投诉我。”“再不好，我下一单都要耽误了。”“不送了，不送了，谁爱送谁送吧，我在这耗下去，后面每一单都得耽误。”外卖骑手反映，“平台对骑手很不友好，超时的话顾客和商家都没有责任，就算我拍了照说明情况，平台依然会对我进行处罚，轻的话这单就不挣钱了，要是时间太久，我自己还要往里搭钱，并且这一单耽误的时间可能导致我后面每单都不能及时送达”，“平台会自动给我派单，算法会预估配送的时间，现在整体配送速度都提升了，所以越送越快，真的一点不敢多停留”。在被问及出现商家出餐慢、天气恶劣、交通工具故障等特殊情况如何与平台反馈时，骑手普遍表示，“反馈是每次都反馈，但10次有1次成功就不错了，基本没啥用”。正是因为如此，最后有骑手选择放弃配送这一单，“赔一单就赔一单，总比后面每单都赚不到钱要好”，但因为骑手放弃配送而延长顾客收货时间造成的连环损失则是严重的。算法严格控制着骑手配送物品的时间，超时就意味着“没钱赚”，但骑手的信息反馈多数时候无法得到回应，于是骑手不断地和店员“拉扯”、向顾客“求情”、与平台“博弈”、和时间“赛跑”……骑手在算法和平台面前，主体性几近丧失（现象学观察笔记，2022-11-22）。

信息伦理失范行为有时是个体的非理性行为。在网络空间中，受新自由主义、历史虚无主义等负面社会思潮的侵蚀，个体极易产生从众、跟随和非理性行

① 彭理强，李伦. 试论人与算法的自由关系［J］. 湖南师范大学社会科学学报，2022，51（2）：20-27.

为，信息伦理失范就在所难免。网络空间作为一个开放、融合的技术平台让人们获得了表达言论、沟通社交、娱乐休闲等方面的自由，但伦理规范相对于技术发展具有滞后性，一些非理性的人会在网络空间中进行非理性表达，做出信息伦理失范行为。这些非理性的人包括抱有恶意的人、缺乏明辨是非的人，但更多的是信息素养较低的人，这些人容易受他人情绪和话语影响，而产生信息伦理失范行为，破坏正常的信息秩序。

总之，智能时代存在普遍的信息伦理失范现象，其本质在于信息主体的伦理素质和道德意识与智能时代的技术发展水平之间还存在严重的不平衡性。信息伦理规范与和谐信息秩序的建立任重道远，需要结合信息伦理理论与信息行为实践不懈探索，我们可以把信息伦理失范现象看作人类向更高层次社会发展的必经之路，是对信息文明与和谐信息秩序建设的历练。

五、信息组织中的伦理风险

智能时代是信息文明发展的高级阶段①，表现为生存环境、行为活动以及人的存在方式的信息化和智能化，然而，人类发展的层次越高，其结构和性质越复杂。从信息生命周期的视角看，信息组织既可以是名词，即以开展信息活动为主的机构，也可以是动词，即基于特定规则和动态管理方式促使信息活动及信息系统趋于有序和谐的“组织化”过程。智能时代的信息组织是复杂的，有丰富的层次和多样的表现形态，因为信息组织是在一个由信息活动中的人与技术、媒介、机器等非人类的行动者组成的信息系统中完成的，信息组织的实现不仅有赖于信息主体和社会管理者的参与，而且和信息技术、智能基础设施、数据、资本等因素密切相关，所以信息组织成为一项多主体参与、社会性较强的人类信息实践活动。也正因如此，信息组织中产生的伦理问题不再是由某一具体的因素引起，传统信息伦理以个体德性考量为中心、以个体自然的道德心理产生机制为着力点的范式不再适用于考察信息组织中的伦理问题，而以整体思想为核心的复杂范式成为必然选择。我们可

① 成素梅．信息文明的内涵及其时代价值［J］．学术月刊，2018，50（5）：36-44.

以从本体论的视角将信息组织过程视为一种普遍的“存在”，信息组织中多主体、多层次之间的互动关联构成了一个动态的整体，即信息系统，其具有自组织演化的特征，这可以更好地洞察信息自组织演化过程中熵增风险内嵌的不确定性和隐蔽性。

（一）信息熵在信息自组织中的积聚

信息系统是不自觉地按照自组织原理发展起来的①，它在信息自组织演化过程中不断发展壮大。尽管信息系统是开放的、非线性的、远离平衡态的，但信息自组织演化的过程有多种选择和层次，会出现不可预知的涨落与突变，这期间不仅信息系统内部有许多阻碍系统发展、引起系统失序的技术风险、数字化风险、媒介化风险，而且信息系统外部也存在不确定性的风险。信息系统中的风险是现代社会风险的具体形态，贝克指出，信息系统内部的伦理道德层面的契约已经被摧毁，成为“失去安全保障的系统”②，这意味着不确定性的风险已不再外在于信息系统，而成为信息系统内部的因素。为了更好地总结信息系统的内外部风险，本部分从信息熵的视角对其中的信息伦理风险加以分析。

“熵”是源于热力学的概念，用以衡量系统中分子运动的无序程度，普里戈金认为，有序和无序都来自熵的生成，宇宙的终极命运是随着熵的增加走向“热寂”③。尽管普里戈金的观点因为过于悲观而引起争议，但此后“熵”成为系统中能量转换的衡量指标和方法论。1948 年，香农把熵定律引入对信息实践活动的研究，提出了“信息熵”的概念。信息熵是对信息“无序化”的测量，包含信息实体任意形式的损耗、破坏、变形和污染，信息熵有高低之分，高熵造成无序，低熵带来有序。一个高度结构化且组织良好的信息系统往往只包含较低程度的信息熵，而高程度的信息熵会造成信息系统中能量的缺失，即有价值信息和数据的缺失。正因如此，信息熵可以激发信息系统的自组织性活力，推动信息系统从无序到有序。④ 从信息熵的视角洞察信息系统中的伦理风险，这是一种整体的

① 王京山．自组织的网络传播［M］．北京：中国轻工业出版社，2011：34.

② Beck U. From Industrial Society to the Risk Society：Questions of Survival，Social Structure and Ecological Enlightenment［J］. Theory，Culture and Society，1992，9（1）：97-123.

③ 伊·普里戈金，伊·斯唐热．从混沌到有序：人与自然的新对话［M］．曾庆宏，沈小峰，译．上海：上海译文出版社，2005：4.

④ 林爱珺，陈亦新．信息熵、媒体算法与价值引领［J］．湖南师范大学社会科学学报，2022，51（2）：125-131.

系统论认知，把信息系统中的信息自组织实践全部与信息熵的产生联系在一起，并以此来解释风险的出现与变化，同时依据信息行为的信息熵来判断信息系统的有序和无序程度，不仅可以认识到信息行为的危害性，进而丰富信息伦理层面的定性认知，而且有助于在宏观上寻找降低信息熵、改善信息系统的方法路径。

然而，信息熵是一种看不见、摸不着的风险，它只有积累到一定程度时才会使信息系统崩溃和失控，同时信息熵风险的被感知程度很低，人们有时已经受到伤害却未曾感知，就像前文提到的无感伤害，信息熵在信息自组织中的积聚是一种“被遮蔽的风险”。根据卢西亚诺·弗洛里迪的观点，信息系统是一个整体的道德主体，其中的任何风险都是由于整个主体结构和关系的紊乱造成的，规避风险就要增强系统整体的有序性并形成信息伦理。[①] 因此，本书接下来引入信息圈的概念，并从结构视角分析信息自组织演化过程中信息熵造成的风险的主要表现。

（二）信息熵引发信息圈的结构风险

信息圈是信息具体化的有机体（信息体）相互关联的一种信息环境[②]，是信息自组织演化的场域。在卢西亚诺·弗洛里迪看来，信息圈是在生物圈、地球系统的基础上提出的概念，信息自组织演化的过程也是人类的进化过程，信息圈并非是一个具体的空间，即由“物质世界”支撑的虚拟空间，而是不断被信息化阐释和理解的世界本身，是一种具有整体特性的“存在”。[③] 如果我们从信息自组织演化的角度看待世界，认为地球系统是容纳生命形式及其相互作用的容器，那么生物圈则是保持生物自身变化和强化人类行为的环境。基于此，信息系统的演化把人类推入信息化、数据化的环境中，从“一网打尽天下”到数据解析社会、Web3.0、元宇宙，信息圈被视为人类赖以生存的人工环境，是和现实物理环境紧密联系的人类第二生存空间，信息的涨落等一切信息自组织现象都展现了人类进化的轨迹，是生存—繁殖和生长—扩张的结果，是宇宙动力学演化的结果。[④] 换句话说，信息圈描述了随时间推移信息不断变化的现象，是从整体上发

① 于良芝．构建信息社会伦理准则的弗洛里迪进路——弗洛里迪信息伦理学评介［J］．图书情报研究，2022（1）：3-9，26.

② 卢西亚诺·弗洛里迪．信息伦理学［M］．薛平，译．上海：上海译文出版社，2018：20.

③ 卢西亚诺·弗洛里迪．信息伦理学［M］．薛平，译．上海：上海译文出版社，2018：14.

④ 理查德·柯伦．地球信息增长：历史与未来［M］．庄嘉，译．北京：社会科学文献出版社，2004：173.

现信息系统中伦理风险的基础。

信息熵是信息圈结构风险的根源。卢西亚诺·弗洛里迪把信息熵视为信息实体任意形式的损耗、破坏、变形和污染，认为信息实体构成了信息圈的语境，包括所有的信息能动者与受动者、信息内容、信息技术与基础设施以及信息政策法规和网络文化。[①] 以上这些在实质上构成了信息圈的结构，也是人类第二生存空间的结构。具体来说，信息能动者与受动者是信息圈的主导性要素，是信息圈其他诸要素的决定力量。其中，信息能动者具有道德层面的自主性，即能够在无外部刺激的情况下调整自身状态并且开展“具有道德意义的行动”[②]，展现善或恶，比如人类本身、人工智能系统、组织或团体，而信息的受动者是信息能动者所发出的信息行为的接收者。信息内容是信息圈的对象性要素，如前文所述，信息的内涵丰富，包括“句法”层面的信息量和“语义”层面有意义的信息，同时信息也具有关系性，是结构化、有意义的数据，是引出和构造知识的中介。信息圈类似波普尔世界 3（思想的客观内容的世界）的表象空间，以信息为表象的形式，信息圈让信息共享成为可能，而全球化发展的重要逻辑便是信息成为一种资源，曾经争夺领土、原材料与廉价劳动力的国家开始为控制信息而战。[③] 信息技术与基础设施是信息圈的工具性要素，在海德格尔的技术哲学中，技术就像“座架”框定了对象化的信息实体并使其显现，信息系统和信息圈就是令世界信息化、数据化显现的“座架”，同时信息技术与基础设施还通过对“万物”进行信息化抽取，进一步提升了人们对“万物”的实时控制能力和合理化管理能力。信息政策法规和网络文化是信息圈的协调性要素，它协调能动者与受动者、技术与基础设施、信息与数据之间的关系，这进一步表明，信息圈绝不是传统物理空间、媒介空间和人们交往空间的增补式发展结果，应基于伦理价值、结合虚实空间思考其内涵。上述各种要素相互联系相互作用，共同构成了信息圈这一整体。

信息熵代表信息圈的混乱、冲突和矛盾，体现信息圈内在的不合理性。卢西亚诺·弗洛里迪认为，“存在为善，熵为恶”[④] 是信息伦理学的基础，也是判断信息自组织中伦理风险的方法。一方面，信息圈中的每个信息实体作为“存

① Floridi L. Information：A Very Short Introduction［M］. Oxford：Oxford University Press，2010：7.

② 于良芝．构建信息社会伦理准则的弗洛里迪进路——弗洛里迪信息伦理学评介［J］. 图书情报研究，2022（1）：3-9，26.

③ 曾国屏，李正风，段伟文，等．赛博空间的哲学探索［M］. 北京：清华大学出版社，2002：27.

④ Floridi L. Information Ethics：On the Philosophical Foundation of Computer Ethics［J］. Ethics and Information Technology，1999（1）：33-52.

在”都具有道德尊严，算法、媒介等也都具有道德价值，以信息圈取代生物圈，万物作为信息和数据而成为同类，从而成为信息伦理学的统一研究对象。信息伦理的这一发展使以道德价值为中心的事物这一概念从较为狭隘的生物圈中专属人的概念变为一个更加包容的概念，进一步拓展了信息道德受动者的范围。[①] 另一方面，当世界的实存和人们认识世界的方式依赖于信息的连贯性和准确性时，那混乱、矛盾和不合理的信息就无法构成事物的存在，熵成为“存在”的对立面。

结构决定功能，要使信息圈具有强大且高效的功能，满足人类日益增长的信息生存需求，其信息系统必须具有良好的结构。根据熵定律可知，在与外界缺乏联系的情况下，一个具有较少节点的信息系统很容易随着自然熵增而逐渐失去活力，形成毫无生机、结构散乱的状态。[②] 在结构良好的信息圈中，任意两个信息实体之间都应该有直接或间接的联系，即一种理想状态下的世间万物“全数入网”，但在现实世界中，信息实体间联系的建立依赖于负熵的流入，任何联系的形成都有基础成本，所以建立繁杂的联系并不可能，而单一的联系又阻碍了信息圈中各信息实体的流通性，这导致信息圈始终存在结构风险。正如尼古拉·尼葛洛庞帝在《数字化生存》中提到的尽管智识的、经济的以及电子的骨干设施都取得了飞速增长，但无处不在的数字化并没有带来世界大同。[③] 从全球范围来看，有无网络、网速快慢正在形成新的信息鸿沟，“南北”差距的拉大增强了马太效应。相关数据显示，全球仍有4.5亿人并不能实现顺畅上网，其中低收入国家中约90%的人无法享受网络带来的社会福利，在互联网发展指数的排名中，排名第一的美国得分57.66，而末位的尼日利亚的得分只有16.27。[④] 除此之外，信息圈中的“断联”也体现在代际之间，信息能动者和受动者的结构较为复杂，数字移民和数字原住民之间在数字信息感知、使用和体验方面都存在较大差异。即使保证了信息实体之间的联结，拥有较为理想化的信息圈结构，信息圈中各子系统之间也会由于负熵能力的不同存在差异，形成新的结构性风险。

---

① 卢西亚诺·弗洛里迪．信息伦理学［M］．薛平，译．上海：上海译文出版社，2018：163-164.

② 夏树涛，鲍际刚，解宏，等．熵控网络：信息论经济学［M］．北京：经济科学出版社，2015：73.

③ 尼古拉·尼葛洛庞帝．数字化生存（20周年纪念版）［M］．胡泳，范海燕，译．北京：电子工业出版社，2017：6.

④ 克劳斯·施瓦布．第四次工业革命［M］．世界经济论坛北京代表处，李菁，译．北京：中信出版社，2016：79.

由于信息圈中各信息实体间的“断联”或信息实体的不可控会造成信息熵的积聚，因此信息圈存在内部失衡、内外部矛盾以及现在和未来冲突的问题。当信息圈成为人们的第二生存空间，那么人们进行各种信息活动便都是为了增强自身生存的能力，这也被看作为了实现“信息功能上的有序性”①，但各种信息活动相对于整个信息圈而言输出了高熵，那信息系统的有序性就会被破坏，造成各种负面效应和结构风险。

① 吴学娟．耗散结构系统的负熵及其实现过程［J］．系统辩证学学报，1995（2）：74-77.

第四章　智能时代信息伦理的结构与信息自组织

循着智能时代信息伦理失范的现实，在前述信息伦理问题的基础上，本章进一步归纳和探索信息伦理的结构，探讨智能时代信息伦理主体特征的变化。

信息伦理活动作为人类交流信息和道德发展的重要实践活动，是人的道德意识外化与社会的伦理规范内化相协调的过程，无疑是一个复杂的动态系统，有着复杂的结构。信息伦理结构的分析，包括信息伦理构成要素的分析、构成要素间关系的分析以及结构层次的分析。任何一项信息伦理活动都涉及主要的信息主体，斯皮内洛借用管理学的相关概念将信息活动中的相关利益群体定义为利害关系人，即能够影响信息活动目标达成或受信息活动影响的个人与群体①，如网民、信息技术服务商、政府机构等。随着智能时代的到来，信息伦理的主体进行了重塑：算法技术在信息开发中负载道德、媒介作为“信息器具”具备道德功能、数据解析正在塑造人类的信息化生存面貌、信息圈中多元信息实体共生共存。

技术、媒介、数据和人本身是信息伦理结构的重要组成部分，在信息系统中相互联系、相互影响，共同揭示了信息伦理丰富的主体内涵。基于此，本部分从信息系统的整体视角分析信息伦理的结构组成，以及信息自组织的时代演变。

一、信息伦理的结构分析

结构是指系统中各要素有机联系及作用的形式，认识信息伦理的结构可以进

① 理查德·A. 斯皮内洛. 世纪道德：信息技术的伦理方面［M］. 刘钢，译. 北京：中央编译出版社，1999：44.

一步把握智能时代信息伦理的本质特征及其变化。从马克思辩证唯物主义来看，结构的存在和发展不是一成不变、孤立的，而是动态变化的。信息伦理的结构具有整体性、可变性和自调性，智能时代信息伦理的结构不断从低级向高级、从简单向复杂发展。良好的结构是稳定、平衡的，实现信息伦理结构的最优化既需要外部因素助力，也需要内部要素之间自我调节。结构对信息伦理的影响正是通过其包含的要素及各要素之间的关系的调节实现的，接下来将详细分析信息伦理的结构。

信息伦理的结构受到信息圈各组成要素的影响，卢西亚诺·弗洛里迪提出的信息圈理论和沙勇忠提出的信息伦理四维架构理论，对于本章分析信息伦理的结构有所启发。一方面，信息圈是信息伦理活动发生的空间，是信息具体化的有机体（信息体）相互关联并被嵌入的信息环境。[①] 基于此，信息圈应该包括信息能动者、信息受动者、信息内容以及它们之间的关系。但信息伦理的发展使以道德价值为中心的事物这一概念的所指从狭隘的人本身拓展到更大的范围，基于此，信息伦理中道德能动者和受动者所指的范围也需要进一步拓展。另一方面，信息伦理是信息道德活动、信息道德意识和信息道德规范的统一体，信息活动在不同的领域和层次所涉及的主要道德利益群体是不同的，信息活动中每一方的权利和利益都应该被考虑，因为它们是信息生态共同的建构者。信息圈体现了一种生态观，给我们的启示是信息伦理研究应该关注多元的道德能动者和受动者；信息伦理的四维架构理论强调要注重信息主体间的利害关系。本部分基于中外的两种理论范式和对现象学材料的归纳，从信息伦理主体、信息伦理客体、信息伦理环境三个方面分析智能时代信息伦理的结构要素，并探讨信息伦理的结构关系、信息伦理结构的层次。

（一）信息伦理的结构要素

1. 信息伦理主体

信息伦理主体是可以主动产生信息伦理行为和道德影响的事物，是信息伦理活动的关键要素，也是信息伦理研究的重点。伦理有其源泉和根基，传统伦理以人为中心，普遍认为只有人才能产生义务感和责任感，因此传统信息伦理的主体是人。但从伦理的本源出发，任何伦理行为都是一种联结行为，与他人联结，与

---

① 卢西亚诺·弗洛里迪．信息伦理学［M］．薛平，译．上海：上海译文出版社，2018：20.

人类种属联结，与社会联结。[①] 这就意味着伦理是在社会多元素的互动中产生的，结合前文的现象学材料可以发现，智能时代的信息伦理不仅关注人在虚实世界与他人的道德关系，而且涉及人与技术、人与媒介、人与数据，甚至是人与整个信息生态系统的关系互动，技术、媒介、数据等要素已经开始负载伦理价值，具备道德意识或尝试具备道德意识。目前，这些要素如何具备道德意识，以及拥有意识的程度如何都是由人来决定的。然而，伦理是一种涌现，它在复杂和不可预测的人类行动面前充满了不确定性，人们就对技术不断加强伦理控制，目的在于保护人类的基本权益，面对不确定的世界，我们在分析信息伦理主体时需要具有复杂性思维。在智能时代，信息伦理主体需要负载道德价值，在较大程度上可以直接影响人们的信息道德活动，同时其也是信息圈中独立的构成要素。基于此，并结合前文的现象学材料分析，本书认为智能时代的信息伦理主体包括人、技术、媒介和数据等主要构成要素。

2. 信息伦理客体

信息伦理客体是指信息开发、传播、利用和组织的对象，即信息本体。信息本体包括信息内容和信息载体，信息内容往往承载着意义、传递信号；信息载体则是承载信息内容的物质，有学者根据载体存储信息的方式将信息本体分为天然型信息本体、实物型信息本体和网络型信息本体。[②] 作为信息伦理活动中的独立要素，信息本体关系到信息伦理活动的展开，没有信息本体，就无从谈及信息伦理。

3. 信息伦理环境

信息伦理环境是信息主体开展信息活动的环境，广义上说这个环境就是信息圈，是信息活动和互联网络不断交换能量和信息的动态“边界”，是虚拟和现实相互渗透的“界面”。传统信息伦理主要关注的是人们在现实世界中的信息传播活动与互动关系，但在瞬息万变的网络世界，信息本体、信息客体和信息环境的边界变得模糊，网络之社会化与社会之网络化、媒介之技术化与技术之媒介化等都说明信息圈正朝着“复杂化”的方向发展，而信息伦理环境也在平台、媒介、系统的互动中动态地变化着。

总之，人、技术、媒介、信息、环境共同构建了信息伦理的结构，信息伦理

① 埃德加·莫兰．伦理［M］．于硕，译．上海：学林出版社，2017：35.

② 娄策群，等．信息生态系统理论及其应用研究［M］．北京：中国社会科学出版社，2014：54.

就是信息本体在信息圈中利用网络平台等相关媒介，通过信息的“比特流”承载着内容与意义，在虚拟现实之间相互作用。正是不同信息主体在信息圈中的相互交织和彼此作用，智能时代的信息伦理呈现出了全新的形态、面貌和问题。

（二）信息伦理的结构关系

信息伦理调整的伦理关系与现实社会中的一般伦理关系不同，它不仅具有普遍性，而且具有特殊性。信息伦理构成要素之间是相辅相成、互为依赖的，而决定信息伦理结构的往往是人、技术、媒介、数据等关键因素。因此，不同于现实社会中的一般伦理主要调节的是人与人、人与自然、人与社会的关系，智能时代信息伦理调整的主要是以下几方面的关系：

1. 人与人的关系

人是信息伦理中最核心的要素，一切关系都始于人。人与人之间的关系涉及权利和义务的分配，这是伦理学的范畴。从权利方面来讲，人们在网络空间中的权利是有限的，以尊重他人、不恶意侵犯他人利益为基础行使信息权利。从义务方面来看，任何人在信息圈中的信息行为都受到一定伦理规范的制约，如网民的道德公约明确了人们在信息活动中的责任。现实世界中人与人之间的道德关系会映射到网络空间，个人与群体、群体与群体之间的关系也都始于人。信息伦理强调人的主动性，在智能时代，主动性表现为作为信息伦理主体的人已经由单一的信息生产者、信息传播者、信息接收者转向传受合一、人机合一的自由、能动的人，信息主体之间将善良、正义、公平、共享作为信息伦理的目标。

2. 人与技术的关系

在人与技术的关系方面，传统信息伦理关注人如何使用和管理技术，包括普通人使用技术和算法工程师等技术人员管理技术。经过发展，技术不再只是工具，其解蔽的价值日益凸显，正如海德格尔所说：“技术的工具属性并没有显示出技术的本质，它只是技术的基本特征而已，技术的内在本质要在解蔽中寻找，技术不仅是表象，也是一种认识与实践。”[①] 技术提高了人的信息能力，制约和限定人的信息活动时空，同时对人的控制、异化和塑造日益加强。在智能时代，技术更加智能化、人性化，技术对人们信息活动的影响从辅助、引导到支配，技术赋能既是通过技术给人赋能，也是给技术本身持续赋能。人与技术的关系是变

① 宋吉鑫．网络伦理学研究［M］．北京：科学出版社，2012：81.

化的，技术已经成为信息伦理的主体之一，人与技术的关系直接影响信息伦理正向价值的发生。

3. 人与媒介的关系

在信息伦理活动中，信息主体对信息本体的开发、利用等一切信息活动都需要基于中介开展，具有中介联系功能的就是媒介。在传统信息伦理中，媒介既包括师长、亲友等言传身教的身言媒介、格言习俗等成例媒介、组织规范的组织链媒介和大众传播媒介。[①] 概言之，媒介是拓展信息传播渠道、扩大信息传播范围、提高信息传播速度的一项科技或中介性公共机构。在智能时代，“平台”概念兴起，媒介成为由多种媒体组成的平台，这样的平台是基于复杂的系统构成的信息互联网，以各种传播形态为边界，实现信息在不同层级之间的开发、传输和交互。在信息活动中，媒介作为信息主体可以传递意识形态和道德价值，扮演着信息伦理引导者的角色。人与媒介的关系是相辅相成的，媒介既是“人为之物”，也是“为人之物”，两者之间的关系成为信息伦理结构的重要组成部分。

4. 人与信息的关系

信息是信息伦理的核心，智能时代的数字化信息与数据是传统信息概念的延续和发展。信息既是包含意义的信息内容，也是形态多样的信息载体。有学者总结了上述信息两种属性的特征，一是文本间性[②]，即信息内容自由流动颠覆了信息传统的传受关系和知识的界限，信息不再具有时空间隔，知识表现出整合与解析的结构，人们通过对信息的解析可以获得新的信息，信息的道德价值也通过其内容外显出来；二是信息形态的多样化，信息化的不只是机器，人也在走向信息化在场的状态，进而产生了人类在信息化、数字化的世界中何以生存的伦理问题。人与信息的关系，既包含人们如何对信息进行开发与使用，也包含人们走向信息化的过程。

5. 人与信息生态的关系

人与信息生态是相互依存的，人作为信息生态中最具有主观能动性的因素可以不断改造其他信息伦理主体，与此同时，信息生态中的很多因素也在直接或间接地影响着人们的数字化生存、生活和发展。信息生态对人的影响表现出正反两面性；当信息生态的各要素与人的伦理道德取向一致时，会产生正面效应；当信

① 张琼，马尽举．道德接受论［M］．北京：中国社会科学出版社，1995：125.
② 彭虹．涌现与互动：网络社会的传播视角［M］．北京：中国社会科学出版社，2010：50.

息生态的各要素与人的伦理道德取向不一致时，就会产生负面效应，出现信息伦理失范问题。信息生态是人构造的，信息主体或以善的道德取向净化着生态系统，或以恶的道德取向污染着生态系统，无论是何种情形，信息主体都每时每刻地参与着信息生态的变化，而这些变化也在不断地影响信息主体与信息客体的互动。因此，人在信息生态中要坚守正确的伦理方向，维护良好的道德环境。

（三）信息伦理的层次分析

从信息伦理活动的场域来看，可将信息伦理分为三大类，分别为个人信息伦理、社会信息伦理和国家信息伦理。从微观方面来看，信息伦理揭示了与个人道德水平相统一的个人信息伦理行为发生、发展过程中的各个信息伦理要素的组合构架与作用形式；从宏观方面看，信息伦理揭示了与社会和人类发展相统一的社会或国际间信息伦理行为发生、发展过程中的各个信息伦理要素的组合构架与作用形式。

第一，个人信息伦理。个人信息伦理是信息伦理的微观层次。从义务论的提出开始，伦理学就强调个人权利的不可剥夺，作为信息伦理的立论基础，信息伦理始终坚持保护个人的信息权利，智能时代的诸多信息伦理失范现象都是源于信息权利受到了侵害，如数据权归属不清就表现出个人信息权利实现过程中的矛盾与妥协。个人信息伦理注重彰显个体的道德自觉，因此它是社会层次和国家层次信息伦理实现的基础。由于个体具有自主性，个体的抉择和反思使伦理自主化①，信息伦理的建构以个体道德意识的唤醒为基础，只有个体在信息活动中形成相应的伦理规范，尊重信息权利，身体力行养成并提高信息道德素养，才能形成全社会或国家更大范围的信息伦理。

第二，社会信息伦理。社会是一个包含众多个体的信息系统，它是众多信息行为的主体和共同道德责任的载体。社会层面的信息伦理具有很强的目的性，社会层面的信息伦理决策是依据社会的运行发展状况，在有组织的筛选实践过程中产生的，正如社会价值观代表了社会全体成员的道德动机和伦理意愿。在社会信息伦理层面，遵守信息伦理规范是每个公民的责任，同时寻求社会责任与个人权利保护相协调是调整社会信息伦理中各种信息伦理主体关系的基础，前文提到的寻求信息开发和隐私保护两者间的平衡等体现出社会层面的信息伦理与社会治理

① 埃德加·莫兰．伦理［M］．于硕，译．上海：学林出版社，2017：138.

之间的互动与协调。社会内部存在众多相互冲突和竞争的信息主体，需要发挥信息伦理的作用来维持秩序，社会越复杂，对信息伦理的需求就越迫切，在此过程中信息伦理呈现为一种社会品德。

第三，国家信息伦理。国家拥有超越个体和社会的信息权利和行动能力，同时也肩负着超越个体和社会整体的责任。信息全球化进程中包含着全球性的信息伦理问题，信息过载、信息鸿沟等问题表明人们在信息世界相互依存但不必然互助、相互沟通但不必然理解，信息伦理问题让世界陷入复杂的状态中。智能时代的国家信息伦理对内要求做出有利于信息秩序建设的有效决策，对外则是推动人类命运共同体建设，实现人类信息文明的延续。

信息伦理的不同层次揭示了信息伦理在个人、社会和国家中发挥的功能和作用，但无论是哪种层次的信息伦理，它们都具有整体性、可变性和自调性的特征。

首先，个人、社会和国家有各自层面的道德需求，会对同一信息行为做出不同的反应。看起来信息伦理主体可以自主地选择、践行相关的信息伦理，但信息伦理并不以信息主体的意志为转移，而是基于信息伦理诸要素稳定的联系形成的，信息伦理结构的整体性体现在每一个层次中。

其次，信息伦理是“活”的。一方面，信息伦理各要素之间存在能量和信息的互换，信息伦理总是在人类不断变化的信息道德实践中产生的；另一方面，这种结构的可变还体现在信息伦理主体、信息伦理客体和信息伦理环境的相互转变中，如媒介有时是信息伦理主体，有时也是信息伦理环境，数据既是信息伦理主体，也是信息伦理客体。

最后，信息伦理是持续调整的。信息伦理是一个整体，任何变动都要在其内部进行，从这个意义上说，它是稳定的封闭系统；但任何层次的信息伦理都不能孤立存在，它需要外部能量的进入，从这个意义上说，它是开放的系统。信息伦理既保持稳定又打破稳定，具有自我调节、动态优化的特征。

综上所述，信息伦理的组成要素和层次是丰富且多元的。结合前文现象学材料收集，并对比传统信息伦理，可以看出智能时代信息伦理主体的变化是最为显而易见的，技术、媒介、数据和人都已成为影响信息伦理结构的主体，这些因素主导着信息伦理结构的变化。

二、智能时代的数据、信息与知识

数据和知识是与信息相关联的两个概念，厘清三者的区别和联系对本章接下来的论述至关重要。数据是没有结构和组织、纯粹且简单的事实，是信息原子；信息是有结构、有意义、包含了语境的数据。通过数据人们可以创构更高层次的人类文明，物数据化和数据物化构成的双循环正在推动世界走向新的发展机制，即以量化一切为核心的数据化进路。① 数据化的实质是信息化，数据化为信息文明的发展奠定了基础。知识则代表了智能时代的能力，即使用信息以符合社会价值或达成个人目标的能力。② 从信息系统的视角看，数据是信息主体和客体之间传输的信号，语境化的数据就是信息，不同的信息有着不同的意义，知识的生成依靠对数据的解析和对信息的诠释。

数据即记录，包含着人和物的信息，反映人和物的特征。从数据的来源看，数据可以分为主动型数据和被动型数据。③ 主动型数据是用户主动留下来的数据，比如用户在网络中的内容生产、借助社交媒体进行的交往和表达行为等，这些数据属于用户主动提供的。被动型数据多是平台在储存用户主动型数据之外获得的附加数据，比如用户在使用某些 App 时同步提供的地理数据、健康数据等。从数据反映人和物的特征的形式来看，数据又可以分为直接型数据和间接型数据，体现的是数据与主体的关联程度。直接型数据就是数据直接反映用户特征，是没有经过分析的一手数据。比如，运动手环直接获取的个体的心率、体重、卡路里消耗情况和睡眠时间长等数据，这些数据直接反映个体的健康情况。间接型数据是在对用户直接型数据进行分析的基础上产生的数据，比如平台通过对个体浏览新闻的情况进行分析，然后绘制用户“数字画像”，进而实现信息智能推荐，这个过程中经过分析生成的用于绘制用户“数字画像”的数据就是间接型数据。显然，无论是哪种类型的数据，其实质都是对现实人或物的表征和记录，这符合康德的物自体显现观点、叔本华的意志显现观点和胡塞尔的知觉现象学。

① 王天恩．信息文明与中国发展［M］．上海：上海人民出版社，2021：56.

② 罗伯特·K. 洛根．什么是信息［M］．何道宽，译．北京：中国大百科全书出版社，2019：41.

③ 颜世健．数据伦理视角下的数据隐私与数据管理［J］．新闻爱好者，2019（8）：36-38.

数据和被显现的主体之间是互相关联的，数据在表征主体的过程中，也为被表征主体状态的保留提供了支持。比如，从不同的社交媒体平台收集到关于某个人的数据，这些数据在被拼凑和分析之前是分离的，拼凑在一起后就使这个人的“数字画像”由模糊变得清晰，单纯从某个数据来看，它只是纯粹的对个体的记录，但其背后隐藏着与记忆有关的内容，“记录”这个词在拉丁语中本来就有“回想的能力”① 的意义。换言之，数据对人或物看似是记录，其实其背后还包含回想的意义，即数据是对事实状态的另一种形式的保留，这种保留通过信息记录使人的“回想的能力”得到强化②，回想的能力意味着对数据可以进行多次解析，并以此实现信息利用。

数据和信息之间存在密切的联系，数据是信息形成的基础。美国学者丹尼尔·莫兰将数据和信息的关系概括为“有些数据可能不提供信息，但所有信息都依靠数据”③，认为数据是以 0 和 1 的二进制形式表现出来的符号，数据要想再现为信息，往往需要一个抽象的过程。国际标准化组织认为，数据是以适合于通信、解释或处理的形式表现的可复译的信息④，这说明数据与信息有联系，但只有对数据进行解析加工才能形成信息，数据发展到信息的过程反映了人的认识从低级到高级的过程。近年来，数据智能正在成为数据科学发展的核心动力，通过从数据中挖掘、提炼具有揭示性和可操作性的信息，为人们借助数据制定决策或执行任务提供高效智能支持⑤，挖掘和提炼数据的过程就是对数据的解析过程，数据经过解析便成为富有意义的信息。智能时代出现的数据盗取问题，就是通过网络爬虫等手段抓取数据，在对数据解析后得到有价值的信息。从法律的角度看，在个人层面数据和信息是等同的，因为法学的权利客体只有一个，数据和信息没有区分的必要。但如果结合信息利用的伦理关系来看，数据和信息并不能等同，如个人的隐私受到侵犯属于数据侵权行为，因为数据如果没有经过脱敏处理，数据控制者可以直接或间接识别出数据主体，这时的数据不属于与主体切断

---

① A Souter. Oxford-Latin Dictionary [M]. Oxford: Oxford University Press, 1968: 1586.

② 杨庆峰. 健康码、人类深度数据化及遗忘伦理的建构 [J]. 探索与争鸣，2020 (9): 123-129, 160-161.

③ 世界银行集团. 2021 年世界发展报告：让数据创造更好生活 [R]. 世界银行集团，2021.

④ 玛农·奥斯特芬. 数据的边界：隐私与个人数据保护 [M]. 曹博，译. 上海：上海人民出版社，2020: 8.

⑤ 崔有玮，等. 数据智能的现在与未来 [EB/OL]. [2020-01-15]. https://www.deloittedigital.com/us/en/insights.html.

关联的“大数据”，而属于个人信息，它具有法律层面的人格利益，包含着主体的隐私。所以，数据具有边界，数据的法律本质是信息，这样的信息是不能关联数据主体的、只具有财产属性而没有人格属性的信息，如果数据没有进行脱敏处理，可以识别数据主体，那这样的数据可以归入隐私和个人信息保护的伦理范畴。在数据伦理的讨论中，针对不同的数据应该具体问题具体分析。

通过对数据的解析和信息的应用可以提炼出知识，智能时代基于数据的知识发现正在兴起。由于信息是引出和构造知识的必要中介或素材[①]，数据经过解析成为信息，那么以信息方式来呈现世界其实就是用可观察、可编码、可解析的数据来记录和描述世界。知识的产生被视为隐含知识与明晰知识相互转换的群体创造过程[②]，其中隐含知识是个人的或情境的，是难以转换为数据并传播的，比如个人的精神状况或是不可言传身教的私人知识，而明晰知识是可以被编码和数据化的知识，比如通过收入和消费数据生成的财务状况。在波普尔看来，明晰知识属于客观知识，是可以表述并能被某种普遍性标准评价的公共知识。1967 年波普尔曾提出三个世界的理论，其中世界 1 是物理客体的现实世界，世界 2 是意识精神世界，世界 3 是思想的客观内容的世界。[③] 基于此，那些经由数据化的明晰知识可以在互联网中存储、传播和利用，既应属于世界 3 的实体，也应属于以数据流或信息化的形式具体化为世界 1 的实体，而那些无法被数据化的隐含知识就被排除在网络空间之外。于是，知识的社会化生产、管理甚至知识经济都变成以信息或数据的共享为前提，世界正在被加速数据化，利奥塔尔认为，能否编码和数据化成了知识合法化的条件。[④] 当知识由于数据化和信息化而成为重要的资源时，意味着智能时代的知识发现是建立在数据解析的基础上的，那么谁拥有更多的数据库就意味着可能拥有更多的知识。卢西亚诺·弗洛里迪提出要在海量数据中探寻“小模式”来获得知识[⑤]：一方面，知识获取的主导权正集中于“数据暴发户”身上，如 Facebook、亚马逊等掌握海量用户信息的互联网平台巨头，同时

① 段伟文．信息文明的伦理基础［M］．上海：上海人民出版社，2020：27.

② 野中郁次郎，竹内弘高．创造知识的企业：日美企业持续创新的动力［M］．李萌，高飞，译．北京：知识产权出版社，2006：43.

③ 波普尔．科学知识进化论：波普尔科学哲学选集［M］．纪树立，编译．上海：生活·读书·新知三联书店，1987：309.

④ 让-弗朗索瓦·利奥塔尔．后现代状态：关于知识的报告［M］．车槿山，译．北京：生活·读书·新知三联书店，1997：3.

⑤ 卢西亚诺·弗洛里迪．第四次革命［M］．王文革，译．杭州：浙江人民出版社，2016：17.

药学、遗传学、神经科学等传统领域也往拥有庞大的数据库，利于产生新的知识。另外，基于数据的知识发现还促进了数据密集型科学的新发展，研发新药、预测气候变化甚至文化研究都离不开对数据的解析，这也催生了计算社会学、计算生物学等新学科。另一方面，发现“小模式”并不容易，需要经过不断尝试。一个成功的案例是“谷歌流感趋势”，谷歌公司通过对用户流感搜索数据的解析，生成有关流感传播趋势的知识，顺利对新一轮可能暴发流感的地区做出预测。“小模式”知识生产的价值不仅体现在对许多未知事务的预测，还包括它代表了以数据解析为特征的社会发展前沿。

数据是对人或物的记录，对数据进行加工处理和进一步解析就形成了信息，在数据解析和信息应用过程中可提炼出知识，这一过程是人们的认识从低级到高级不断进阶的过程。在智能时代，数据解析的价值实现依靠海量数据集合和数据分析工具，这在思维和研究上表现为计算转向[①]，基于此，数据对人们的知识构建、信息利用以及人类本体进行重构，形成了新的认知方法，并对信息世界中人们的生活有了全新的界定。

三、智能时代信息价值观的转型

价值观是主体对主客体之间的价值关系、客体有无价值和价值大小的立场与态度的总和，是对价值及其相关内容的基本观点和看法。[②] 基于此，信息价值观则是人们对信息及信息技术、信息行为等与人之间的价值关系的态度和看法的总和。智能时代信息和信息技术的发展及社会对其的应用改变了人们与他人、世界的关系，改变了人类的境况，而每一次社会转型都伴随着社会价值观的转型，会动摇原有的价值参考框架，产生新的价值理念和新型的伦理共同体。伦理适应是根植于人的基础物质需求与精神交往需求之中的“价值认知—认同”过程，信息价值观的转型影响着人们对信息社会的适应。适应从本质上说是生物有机体通过身体或行为上的改变以应对持续变化的环境，这意味着一旦触发适应机制，生

① Boyd D, Crawford K. Critical Questions for Big Data: Provocations for a Cultural, Technological, and Scholarly Phenomenon [J]. Information, Communication and Society, 2012, 15 (5): 662-679.

② 罗国杰．马克思主义价值观研究［M］．北京：人民出版社，2013：31.

物在外力作用下便会作出回应，并且难以恢复到它的原初状态。[①] 伦理适应是多元伦理主体在价值观转型中相互摩擦、冲突并走向共识的过程，信息伦理的失范现象正是此过程中摩擦和冲突的体现。从现象学的角度看，把握社会观念或价值观的重构是人们理解周围环境的一种手段，可使人们处于最佳立场来有意义地反思所发生的事情[②]，对智能时代信息价值观转型的理解有助于信息伦理围绕新的社会情境立论。

信息价值观的核心是人们如何看待信息以及信息在当代的价值凸显。价值是事物（物质、信息和信息的主观形态——精神）通过内部或外部相互作用所实现的效应。[③] 这里的事物包含了宇宙间所有的信息实践活动，无论是在信息体系内部要素的相互作用中所实现的效应，还是在信息与信息、信息与物质或精神的相互作用中实现的效应都是价值。信息价值具有极高的复杂性，既包括信息内容本身的价值，也包括精神价值、社会价值和人的价值。香农指出信息是“消除不确定性的东西”，这里的信息是一种中立的且没有价值倾向的信息，信宿在接收信息后对信源的认识具有了相对确定的状态，尽管这种认识并不一定是客观或理性的，这一语境下的信息价值是基于信息或对信息进一步开发和分析后产生的独立于信息之外的多元价值。与香农对信息价值的理解有所不同，有一些学者认为信息是非中立的且具有价值倾向，价值性是信息的重要属性。信息是经过加工并可以对人们的生产生活等活动产生影响的数据，信息是一种资源，其价值在于它的知识性和技术性。[④] 其中，事实内容是信息的根本价值，那些违背事实、虚假的信息的价值为负，那些对信息接收者当前或未来的行动具有一定意义的信息的价值为正，信息价值为正的信息才是应该开发和利用的信息。有学者选取了真实性、准确性、预见性、完整性、必需性、时效性、针对性、内幕性、新颖性、精确性和重要性 11 项指标来进一步说明信息价值。[⑤] 在信息内含价值的语境中，信息会影响社会秩序的生成，那些无序的、违背伦理规范的信息就是信息熵，不利于形成智能社会稳定的信息秩序。从这个意义上讲，信息价值也是一个信息伦理

---

① 李建华．从适应性看道德的变化［J］．江海学刊，2020（4）：48-52.

② 卢恰诺·弗洛里迪．在线生活宣言：超连接时代的人类［M］．成素梅，孙越，蒋益，等译．上海：上海译文出版社，2018：52.

③ 邬焜．信息哲学——理论、体系、方法［M］．北京：商务印书馆，2005：276.

④ 肖峰．科学技术哲学探新（学科篇）［M］．广州：华南理工大学出版社，2021：210.

⑤ 刘姝丽，韩中庚，宋留勇，等．信息价值的综合评价模型［J］．信息工程大学学报，2007（1）：118-120，124.

问题，是信息认识论和伦理学的集合。

信息价值的核心是信息的有用性，表现为人生存和社会发展需要。一方面，信息将不同时期的生命体与其现实世界相关联，让生命体可以稳定地连续存在，现实世界中的生命体处在不断地运动和变化中，即使其中的运动或变化停止了，记录和表现生命体先前运动和变化情况的信息依然可以在时空中传递，这在一定程度上拓展了人们生存和发展的空间，为高级生物的出现奠定了基础。另一方面，就智能时代的社会发展而言，当下已经形成了“数据—信息—知识”的信息价值赋能路径，社会发展和信息价值的开发息息相关，信息价值开发可以辅助科学决策。信息价值开发以反映事物内外部变化的数据和信息为基础，数据是客观事实的测量结果和记录客观事实、信息或知识的符号，它是自然存在的，是有价值的信息的来源，人们只需要通过技术手段主动发现、测量并记录便可获得。知识是人们基于信息生成的对客观世界的认识，是经过学习过程做出的对客观世界的判断①，这个学习过程既包括个体学习，即个人主动或被动地接受教育，也包括机器学习，即当下人工智能等技术的深度学习，学习是知识内在结构化的过程。知识并不是信息价值的最终体现，而是信息进行价值创造的重要基础。根据泰勒（Taylor）的信息增值图谱，信息的直接价值就体现为形成知识，信息变成知识的过程是信息增值的过程。② 例如，企业通过对个人信息价值的开发，确立不同产品适用群体的“用户画像”，利用精准营销方式提升企业收益和竞争力；媒体则可以分析用户的信息浏览行为数据，归纳用户信息选择偏好，在智能推荐中提升信息传播力。③ 当下，随着人工智能设备的大范围应用，物理世界中的多数数据不再经过人类的干预和精神加工，而是通过算法直接生成知识，信息价值的开发越来越离不开信息技术的支持。

信息技术和信息的关系本质上是物质和信息的关系，如果做进一步解释，信息技术是对信息进行物理操作和处理的装置，信息是“镶嵌”在信息技术之上的内容。没有信息技术对信息的采集、处理等物理操作就没有信息。④ 换言之，

---

① 杨志刚．分析信息：香农、维特根斯坦、图灵和乔姆斯基对信息的两次分离［M］．北京：人民邮电出版社，2021：7.

② Taylor R S. Value Added Processes in Information Systems［J］. International Journal of Information Management，1988，8（3）：217-218.

③ 侯卫真，刘彬芳．基于信息要素理论的信息增值模型［J］．信息资源管理学报，2020，10（1）：57-64.

④ 卢西亚诺·弗洛里迪．计算与信息哲学导论［M］．刘钢，主译．北京：商务印书馆，2010：132.

不存在任何能够离开物质载体的“裸信息”，凡是信息都需要用信息技术“表达”出来[①]，所以谈到信息和信息价值，就离不开信息技术。由于智能时代的信息具有关系性、涌现性和共享性，因此一切信息都是人工信息，都是信息技术的产物。智能时代信息技术造就了“电态信息”，它区别于波斯特提出的信息技术发展早期的“气态信息”和“固态信息”，电态信息克服了口语信息、印刷文字等信息形态的缺陷，它以信息的数字化呈现为特征，推动了信息交互、多媒体表现，可以说当代信息技术造就了人类技术的新形态。为此，智能时代的信息技术具有鲜明特点：其一，物质性的生产技术和非物质性的信息技术之间的界限被打破，机器、虚拟技术、智能算法等不断被整合在一起，传统信息技术和现代信息技术聚在一起，并在不断学习中进化；其二，从技术应用逻辑来看，智能时代信息技术对人和社会的影响更大，技术不仅是工具、传感器或者动力机，还发挥着强大的“控制器”的功能，技术在解放人的同时，也对人的行为进行控制，有意引导和改变人的信息行为实践。综合以上两点，当代信息技术造就了全新的技术范式，许多学者将其称为智能技术，从信息技术的视角看，智能技术是一种更具包容性的信息技术，它既包容了先前的信息形态，也包容了先前的技术形态。与此同时，基于智能技术的信息价值开发以及信息价值观的改变正在越来越深入地影响着现代社会。

在智能时代信息价值观的转型过程中，“信息”得到了极大的重视。在经济领域，价值观的转型与算法、大数据技术等“信息机器”的出现和发展密切相关，技术进步让信息和数据这些“数字化的黄金”不仅成为可以生产的商品，而且也是许多商品附加值的真正来源。[②] 在当下的经济发展过程中，许多商品的符号能指已经超越了其所指，商品本身的品牌价值、商标价值、版权价值已经超过了制造商品本身的成本；商品负载的评价信息越多，认可度越高，其财富值就越高，就如互联网平台的海量评价已经成为衡量商品价值的风向标，这说明信息与知识已经成为当今商品经济价值的决定性因素，由此产生了“信息就是金钱”的经济价值观。工业文明的核心价值取向是对物质财富的追求，而智能时代物质资本让位于信息资本，一个具备较高信息生产力、信息首创力的国家才是“信息强国”，信息能力的强弱直接影响一个国家在世界经济中的地位。如果从信息对

① 肖峰．科学技术哲学探新（学科篇）［M］．广州：华南理工大学出版社，2021：216.

② Floridi L. The Ethics of Information ［M］. Oxford：Oxford University Press，2013：17.

经济模式更深层次的影响来看，智能时代是从信息匮乏到信息过剩的时代，然而这种变化使过去过剩的“注意信息的能力”转变为一种匮乏且广泛分布的财富，于是经济价值的产生不再依赖于信息内容本身，而建立了吸引更多人花费更多时间去关注的媒介环境，换言之，一种成功的经济模式表现出对信息内容生产和分配的弱化和对信息过滤、语境化和组织的重视。[①] 长此以往，互联网平台或企业等会通过对信息注意力的强化来对特定群体施加控制，普通用户的信息注意力转化成平台企业的信息控制力。举个简单的例子，回首过往，具体的物理环境或社会规范总是主动引导人们的注意力，如讲台或舞台总是可以引导人们把注意力放在谁身上，然而在智能时代智能技术的不透明和海量碎片化信息共同影响着人们的意识和注意力，使人们失去了曾经依赖的认知环境，即智能时代失去了通常帮助人们驾驭物质世界的具有可理解性的标志，人们在智能时代不再能轻而易举地找到“讲台”。智能时代把注意力推向了个人，平台或企业依靠算法等技术对用户的身份、喜好进行编码和分类，具有了更多可以控制注意力的权力，这种隐形但强大的注意力控制在鲍曼看来是现代社会的“野蛮行为”[②]，会弱化原有社会中的制度控制力，其中也包括对原有伦理观念的颠覆和改变。

智能时代价值观的“信息转向”也体现在政治领域。信息伦理问题已经成为国内和国际政治冲突的中心问题，即谁掌握信息、如何获取信息和使用信息的问题。[③] 一方面，政府依赖数据库实现社会治理，正如卡斯特的类比“政治成了超文本的运作”[④]，信息显著地介入政治活动并改变着政府的治理模式。另一方面，信息实力成为国家软实力的体现，意味着信息和权力的勾连会同时出现“信息民主”和“信息霸权主义”，现代政治越发成为信息政治，“信息权”是智能时代政治治理模式的决定性因素，国内外不同地区由此产生舆论战、信息战，信息伦理失范现象有时也是政治利益博弈的体现。举个例子，社会空间是个体可以自由活动的范围，从物理空间看，国家之间有着严格的疆域界限，个体在不同的

---

① 卢恰诺·弗洛里迪．在线生活宣言：超连接时代的人类［M］．成素梅，孙越，蒋益，等译．上海：上海译文出版社，2018：144.

② 卢恰诺·弗洛里迪．在线生活宣言：超连接时代的人类［M］．成素梅，孙越，蒋益，等译．上海：上海译文出版社，2018：146.

③ 阿尔温·托夫勒．权力的转移［M］．刘江，陈方明，张毅军，等译．北京：中共中央党校出版社，1991：486-487.

④ 曼纽尔·卡斯特．网络社会的崛起［M］．夏铸九，王志弘，等译．北京：社会科学文献出版社，2006：127.

国家内活动需遵守相应的规章制度，但信息全球化表现为去疆域化，个体在虚拟空间活动并非有明确的疆域界限，个体是包含在某一社会空间内还是被排除在某一社会空间外已经不再像物理空间中那样明确。网络中社会空间的形成依赖个体的动态互动，每当网络中的社会空间出现矛盾或合作时，政治力量便会以信息化的方式介入干预，其结果是网络中的社会空间因为信息化而变得政治化。

在文化领域，人们呈现数字化生存的状态，人在信息和技术造就的“环境”中也必须“进化”为可以适应信息生态环境的生存者，人们拥有了数字身份、数字人格、数字遗产等，信息和数据成为人们把握和理解世界的关键因素，形成了“我在线故我在”的新人本观。“人类的每一代都会比上一代更加数字化”①，人们畅想并不断成为元宇宙中的“信息人”“电子人”，后物质文化价值观改变了人生的意义：我们不再过度追求占有和消耗物质，而是拥有和消费信息，重视信息价值创造的意义、体验和精神。于是，生死观正在被信息和信息技术改变。无疑，以信息的方式实现人类永生会让人们重新思考活着的意义，由于智能时代有生命和无生命、生物性人造物和技术性人造物的区分都已变得模糊不清，因此迫切需要界定人类与非人类的区别，重思生命的意义和死亡的必然性，探索和发展信息伦理的时代价值和意义。

智能时代出现的新事物、新现象为我们提供了新的价值选择，并取代了传统的价值优先性，“万物源于比特”“数据定义世界”“算法驱动未来”“知识决定命运”等价值观推动了智能时代的信息伦理适应，信息伦理的新现象和新问题在适应过程中产生。一言以蔽之，智能时代信息价值观的转型“孕育”了信息伦理新的内涵。

四、基于信息结构与关系演化的信息自组织

托夫勒在《第三次浪潮》中预言了以信息为核心的高级社会的形态特征，“一种新的文明正在我们生活中涌现，它会拥有海量为自己所支配的信息，而且

① 尼古拉·尼葛洛庞帝．数字化生存［M］．胡泳，范海燕，译．海口：海南出版社，1997：272.

是更精细组织的信息"[①]。经过技术发展、媒介进化、数据增长等社会系统性演化过程之后，托夫勒的预言已经成真，从人们的信息化在场、量化自我，到数据解析社会、数字经济、智媒传播、智慧城市等一系列不同于工业时代的新特征不断出现，这些特征成为判断一个社会是否进入智能时代，是否具备信息文明的客观标准，并为我们把握信息系统的复杂性提供了观察的视角。协同学创始人哈肯从具有整体观的系统论视角洞察复杂的信息系统，他认为信息系统和生物系统类似，生物系统中每个细胞有条不紊地进行代谢，千万个神经和肌肉细胞密切协作产生有序的呼吸、血流和心跳，这个过程就是一个信息系统，它依赖于高度协调的信息交换，信息在产生、传输、接收和处理过程中源源不断地产生信息新质，并在系统的不同部分和不同层次之间交流。[②] 因此，哈肯指出信息是生命赖以存在的最重要元素，生命的特征存在于"信息与载体的关系——组织性中"[③]。哈肯从信息系统中信息组织的视角把握世界的变化规律，这与马克思主义伦理思想中的整体观照不谋而合，即人们要对某一对象的整体有所认识，就必须对其局部有所认识，要对某一对象的局部认识得更到位，还需要更全面地把握整体。前文已经从技术、媒介和数据的视角对智能时代信息伦理中的关键主体进行了局部认识，本部分尝试从系统论的整体视角洞察信息组织中的伦理互动过程，将智能时代信息系统从无序到有序、从低级到高级的演化，视为信息自组织演化的结果。

（一）信息系统是自组织系统

自组织是在组织、系统等概念的基础上发展而来的，组织作为动词，表示事物在时间、空间或功能方面向有序结构演化的过程，从组织形成的动力来源和演变形式来看，自组织是相对于他组织而言的。在他组织系统中，存在"具有实体之性质"的组织者，该组织者主导和控制系统中事物之间的相互运动，虽然他组织活动中伴随着旧结构的瓦解和新结构的诞生，但具有主导地位的组织者始终能保证系统向有序和高结构化的程度演进。而在自组织系统中，很难定位一个准确的组织者，不同系统成员之间的相互作用，共同构成越来越强的组织化模式。哈肯对自组织的定义是："如果一个系统在获得时间、空间和功能的结构过程中，

---

① Toffler A. The Third Wave [M]. New York: Bantam Books Inc., 1981: 177.

② H. 哈肯. 信息与自组织——复杂系统中的宏观方法 [M]. 宁存政，等译. 成都：四川教育出版社，1988：49-50.

③ 沈骊天. 生命自组织信息 [J]. 系统辩证学学报，2001 (4)：69-72.

没有外界的特定干涉，我们便说这个体系是自组织的，这里的‘特定’是说系统的结构或功能不是外界强加的，而是外界以非特定的方式作用于体系的。”①概括地说，自组织是一种可以自发形成并趋于有序的结构，是一种从无系统到有系统、从无组织到有组织的过程，自组织系统的起点是“大量和系统具有相关性的影响因子”，而自组织的终点则是“相关性极强的有结构的系统”。② 从现有的相关文献中可以看出，自组织系统的优越性在生物系统和人类社会系统中已经表现得淋漓尽致。在生物系统中，人们的自我繁殖、心理调节、身体反应等都是自组织现象，人们通过器官、意识等的调节与适应不断寻找生存的最佳状态，这种生物系统的自组织并不是外部因素主导的，而是个人不断寻找最佳状态的过程。在人类社会系统中，国家的稳定发展离不开自组织的积极作用，所谓“国家兴亡，匹夫有责”，正是每个个体积极参与社会发展，才会使整个国家焕发蓬勃生机，若不能很好地发挥个人积极性，而只是通过国家强制力这种他组织来实现社会稳定，就会出现不作为或妄作为的发展弊端。除此之外，自组织还是一种具有整体观的方法论，从古到今，这种整体性思维一直存在，如亚里士多德整体大于部分之和的论断、马克思唯物辩证法的普遍联系观、拉图尔的行动者网络理论等，自组织的方法论为我们思考和探索人类社会的生存进化问题提供了分析路径。

自组织的构成体系较为复杂，在总结自组织的相关核心理论，即耗散结构理论、协同理论和超循环理论后，可以归纳出以下关于自组织成立的基本条件：第一，系统必须是一个远离平衡状态的开放系统。系统只有开放才能保持与外界物质、信息和能量的交换，系统动态变化有利于形成新的有序结构，并不断向着复杂程度更高的系统演变。就如生命系统正是通过不断摄入和排出物质与能量，才充满活力，人们的生命才得以延续，人们的各项能力不断提高。第二，系统内部各个组成部分或各要素之间是非线性关系。非线性关系是指系统内各要素之间并非相互支配，且各要素之间不满足叠加原理，系统内部各要素之间的功能不能简单相加，而是通过复杂作用，产生新的性质。③ 就如个体的健康与许多因素有关，某一器官或机能的进化与退化不能直接决定生命系统的状况，生命系统内存

---

① H. 哈肯．信息与自组织——复杂系统中的宏观方法［M］．宁存政，等译．成都：四川教育出版社，1988：4.

② 吴彤．自组织方法论研究［M］．北京：清华大学出版社，2001：8.

③ 王京山．自组织的网络传播［M］．北京：中国轻工业出版社，2011：10.

在复杂的非线性作用，各要素共同对个体健康施加影响。第三，在系统从无序到有序的演化过程中，系统各要素不断“涨落”，涨落指的是对系统稳定状态的偏离，但如果各要素的涨落所引起的能量流、物质流、信息流等保持在一定限度内，系统就可以保持稳定；反之系统则会失去稳定走向死亡或再生，再生意味着新结构的产生，往往通过系统内各要素的协同和竞争来实现。[①] 由以上三点可以概括出，稳定的自组织结构是在远离平衡状态、开放的、各要素之间存在涨落状态及非线性关系的系统中产生的。那么，信息系统是否具有自组织结构，也应该从以上三个方面来判断。

信息系统是具有自组织结构的系统。首先，信息系统是一个远离平衡状态的、“活的”动态开放系统。在信息系统内部，新的信息用户、信息内容、信息服务方式等永不停歇地涌现。信息系统并没有对用户的进入进行限制，所有人在这里共享信息资源。截至 2022 年 6 月，全球互联网用户数量超过 48 亿，中国网民总数达 10.51 亿[②]，互联网不仅是数字基础设施，也是重要的信息系统，成为联结世界的工具。信息内容的涌现主要表现为各种社交媒体、门户网站、自媒体中的内容生产、观点碰撞、舆论生成和思潮涌动，信息和信息产品在信息系统中从一种媒介流向另一种媒介，无论是信息内容还是信息形式都不是一成不变的，而是一直变化且迭代更新，这被视为未来几十年的发展趋势。信息服务方式的推陈出新满足了用户的需求，如近年来兴起的直播带货、云观展等信息服务方式，使信息系统功能得到质的飞跃。可以看出，正是信息本性造就的经济规律，即信息内容和信息产品复制和传播的边际成本不断递减，为信息系统的开放奠定了经济基础，而互联网、人工智能等造就的技术规律，即网络信息倍增效应，为信息系统的开放奠定了技术基础。正是智能时代数字化信息的本性规律，造就了不同于工业文明的信息文明和与之相适应的开放共享的信息系统。信息系统的非平衡状态与其开放性有关，信息系统内部信息用户、信息内容、信息技术、信息服务方式等要素是不断变化的，并且信息系统会不间断地与外部的社会系统进行信息交换。可以以未来城市的例子来类比信息系统，未来城市的建造过程中伴随着信息流在信息空间的流动，并且基于信息流特征的物质与能量交换变得越来越复杂，外部的各种政策为城市发展提供了能量支持，但从微观层面看未来城市的发

① 王京山．自组织的网络传播［M］．北京：中国轻工业出版社，2011：11.

② 中国互联网协会．中国互联网发展报告（2022）［R］．2022.

展还是需要依靠城市的自组织演化方式，城市中的人完全是来去自由的，个人的生存状态很大程度上也由个人自主决定，这样看来，城市的发展是城市内部各要素之间相互作用、共同进化的结果。信息系统和城市系统一样，其自组织特性并不会因为外部环境的变化而发生根本上的改变。可以说，自组织是信息系统发展和演化过程中看不见的手，是信息系统运行的本质规律。对于信息系统非平衡性的反证就是，假如某平台或网站的信息不再更新，那它很快就会被用户抛弃，成为平衡态，最终相应的平台或网站就会“无疾而终”，消失在人们的信息活动范围之外，这说明开放性和非平衡性是信息系统自组织运行的前提。

其次，信息系统的各个组成部分或各要素之间是非线性关系。信息系统是由信息主体、信息内容、信息技术、信息媒介、信息数据等组成的复杂系统，信息系统各要素之间不是简单的因果关系或线性依赖关系，而是既存在正反馈的倍增效应，又存在负反馈的饱和效应，① 因此信息系统内的要素之间是不确定性关系，它们之间的相互作用可能使系统形成良性循环，也可能使系统混乱无序。以算法推荐为例，用户在网络中的各种信息行为或好或坏都会被记录并经过算法解析，加上受到网络中多主体的非线性作用的影响，最终推动算法向高智能方向发展，与此同时，信息系统内部与算法推荐相关的各要素之间长期随机地交互、竞争、协同和调节，会使信息系统向着结构更有序、功能更完备的方向发展，并涌现出整体性的形态。②

最后，信息系统内部存在涨落现象。信息系统的涨落与其非平衡性具有内在的统一关系，由于信息系统的涨落实质上是对信息系统平衡状态的破坏，因此涨落使信息系统处于非平衡状态。信息系统的涨落是多方面的，在信息内容方面涨落可以是舆论声浪的此起彼伏；在信息用户方面涨落表现为用户的聚合与消散，如每个人对信息平台的喜好是动态变化的，人们使用某一平台的时长也会发生变化，这就导致某一平台用户的积聚和分离；在信息服务方式方面，新的传播媒介层出不穷，从文字、图片、影像到短视频，媒介变化带来了信息服务方式的变化，因为媒介的变化不止表现为技术或载体上的某种新异性，更为重要的是，它为人们提供了与众不同的信息方式——信息传播模式上的新体验。③ 信息系统内

① 王京山．自组织的网络传播［M］．北京：中国轻工业出版社，2011：50.

② 操龙兵，戴汝为．集智慧之大成的信息系统——Internet［J］．模式识别与人工智能，2001，14（1）：1-8.

③ 万里鹏．信息生命周期：从本体论出发的研究［M］．北京：北京师范大学出版社，2015：206.

部存在的涨落现象，都是信息系统复杂性的突出表现，信息系统通过涨落走向有序，这是信息系统重要的自组织机制。

总之，信息系统是复杂的，其包含众多的要素，各要素之间存在复杂的相互作用，这启示我们，应当摒弃以简单的线性思维来看待信息系统中产生的复杂伦理问题。彼得·罗素（Peter Russell）提出了“全球脑”[①] 概念，他发现如果一个系统内部大量要素相互作用，是可以使系统特性实现进化的。基于此，我们可以认为智能时代的信息系统已经形成“全球脑”，人类的大脑和信息系统的“全球脑”共同前行，推动人类信息文明的演进。当然也可以说，正是由于信息系统中能量、数据、技术、信息以及人类社会存在与社会意识的普遍关联，才使信息系统形成的“全球脑”逐渐进化，从某种程度上讲，信息系统的自组织系统是一个发展变化的有机体，信息系统的自组织演化与人类的道德和命运前途息息相关。

（二）信息自组织的演化机制

演化是指事物的变化、发展和生长，对于生物而言，演化意味着从低级向高级的进化，是达尔文的“弱肉强食，物竞天择”；而对于更加复杂的有机信息系统而言，演化是苏珊·布莱克摩尔所说的“谜米”[②]，即除遗传之外的其他演化机制，特别是通过模仿而得到传递。在信息系统中，可以信息为线索对人类的信息实践进行细致划分，如印刷传播、口语传播、网络传播、智媒传播等，这样的划分常常是依据技术、媒介、社会甚至是伦理道德的变迁发展进行的，这些因素和信息实践之间存在相互依存、相互转换的关系，这也就意味着智能时代生命的演化和信息实践的演化之间存在难舍难分的复杂关系，让我们不得不把人的生物性演化与技术特性、媒介属性、符号性、文化性等置于一个整体中看待。可以说，演化是更加契合信息自组织规律的一种探索。[③] 机制是系统中各要素之间的结构关系和运行方式，在信息系统中，信息自组织演化是信息本体的生命运动过程，它的实质是关系及其承载物的演化过程。[④] 因此，分析信息自组织演化应该

---

① 王京山．自组织的网络传播［M］．北京：中国轻工业出版社，2011：54.

② 苏珊·布莱克摩尔．谜米机器——文化之社会传递过程的“基因学”［M］．高申春，吴友军，许波，译．长春：吉林人民出版社，2001：10.

③ 彭虹．涌现与互动：网络社会的传播视角［M］．北京：中国社会科学出版社，2010：73.

④ 万里鹏．信息生命周期：从本体论出发的研究［M］．北京：北京师范大学出版社，2015：58.

从结构和关系两个层面展开。

1. 信息自组织演化的两条线索：拓扑结构和意向性关系

信息系统是一个复杂的自组织系统，其结构和关系影响着信息网络以及其间的信息活动。结构是事物的存在方式，是信息运动的空间表征，即信息系统的状态、位置和功能等；由于信息系统是以人的存在为基础的有机系统，因此信息自组织演化过程中的关系是一种意向性关系，从纯机械化的技术关系转变为有人参与其中的“活的关系”。信息自组织演化中的意向性关系凸显出信息系统从层次结构向控制结构的转变，凸显出人类等不同智能体具备的信息控制能力。对于信息自组织演化机制而言，结构与关系互为表里，道德与伦理则在演化进程中逐渐涌现，然而，演化的神奇还多藏于信息系统的混沌之中，信息自组织演化正是向着消除不确定的方向一路前进。[①] 基于此，接下来从结构和关系两个方面展开对信息自组织演化机制的探讨。

智能技术、数字化信息和平台型媒介共同塑造了信息自组织演化的系统结构。赫尔曼·哈肯认为，复杂系统的结构是依据其内在的自动机制而自组织起来的，他把影响结构和性质的变量称为序参量，核心序参量往往是具有“革命性”的，因为系统的改变都因它而起。[②] 在智能时代，智能技术这一序参量显然是信息系统的核心序参量，它主导并引领信息的自组织活动。在信息自组织演化过程中，智能技术扮演了多重角色：传输信息和转换信号的“翻译员”、连接智能设备和打通信道的“交通警察”、解析数据和处理信息的“数字世界引擎”、建立拓扑网络和实现信息互联共享的“经脉”[③]，智能技术为信息自组织演化搭建了具体架构，形成了一种分布式的网络拓扑结构。

除了技术，结构还表征在信息的位置与状态方面，即信息的呈现形式。在智能技术的影响下，数字化信息成为智能时代全新的信息形式。达尔文曾将信息的进化和物种进化进行类比：“在完全不同的语言中，我们可以发现惊人的相似性，一种语言一旦失传就不能复现，就好像一个物种一旦灭绝就不能复现一样，”[④]

① 彭虹．涌现与互动：网络社会的传播视角［M］．北京：中国社会科学出版社，2010：188.

② 赫尔曼·哈肯．协同学：大自然构成的奥秘［M］．凌复华，译．上海：上海译文出版社，2013：239.

③ 高宇，胡树祥．互联网认知：网络时代人类生存的智识基础［M］．北京：人民出版社，2019：95.

④ 苏珊·布莱克摩尔．谜米机器——文化之社会传递过程的“基因学”［M］．高申春，吴友军，许波，译．长春：吉林人民出版社，2001：42.

人类文明以语言和符号的诞生为标志，在漫长的人类历史长河中，信息行为就是语言和符号的交换，从结绳记事、在木头上刻写的楔形文字，到以电为代表的模拟信息，再到二进制的数字化信息，信息形式的进化带动信息系统结构的变迁，数字化信息具有高保真、低成本的特点，从某种程度上讲，人与人之间的信息交互行为就是基于不同计算机、不同媒介载体进行的数字化信息交互，它受现实世界因素的影响越来越小，而主要是受智能技术和网络平台各部分性能的影响。

智能技术和数字化信息之间，往往还存在媒介这个中介。媒介提供了与众不同的信息方式，带来了传播模式上的新体验。从这一点来看，媒介是极易改变系统结构的，也会加速新结构的产生。而智能时代媒介发展的主流模式应该是符合智能技术逻辑和进行数字化信息传输的平台型媒介。平台型媒介既可以是一个平台、一个 App，也可以是一个媒体。平台型媒介满足了人们日常现实需求之外的所有网络生存需求，基于平台型媒介，人们的信息交互频率增加，信息交换超越物质和能量交换，成为人类社会中的主导性实践活动。罗杰·菲德勒指出："一切形式的传播媒介都在一个不断扩大的、复杂的自适应系统以内共同相处和演进，每当一种新形式出现或发展起来，它就会长年累月和不同程度地影响其他每一种现存形式的发展。"① 平台型媒介的形成已经证明了罗杰·菲德勒的观点，平台型媒介构建了新型开放的信息节点和节点集群，导致政府在其中已经从信息生态的管理者转变为信息系统的共建者。②

智能技术、数字化信息和平台型媒介已经成为信息自组织演化中重要的结构影响因素，任何一种信息系统要想具有持久的生命力，都需要不断调整自身结构，以适应时代和环境的变化。新的技术促成新的社会关系，并改变和消解旧的信息形式和媒介形式，为信息实践创造新的焦点和场所，因而也就重新建构了信息系统的结构。信息的环境化或环境的信息化目前变得愈加难以察觉，但它对于智能时代发展的意义愈加重要。在智能时代，人类信息活动的成本很大程度上决定着智能社会的规模和人们认识世界的能力，智能技术导致人类交往成本迅速降低，这使组织的横向革命从生产领域扩展到人类社会的其他领域，并把每个人大脑内部的思维网络并入那个无限扩展了的外部信息系统中，进而彻底改变了人类

---

① 罗杰·菲德勒. 媒介形态变化［M］. 明安香，译. 北京：华夏出版社，2000：24.

② 喻国明，焦建，张鑫. "平台型媒体"的缘起、理论与操作关键［J］. 中国人民大学学报，2015，29（6）：120-127.

传统的“主体—客体”的认知模式。① 在智能技术、数字化信息和平台型媒介三者相互联系和相互作用的背景下，可以推断出信息自组织的结构是一种非典型的拓扑结构，人在系统中与其他元素之间的关系从主客体关系转向了具有主体间性的平等关系。拓扑结构原本是指计算机网络中各个站点之间的连接模式，像一个环状的网络包罗一切的服务器、工作站和电缆等，而信息自组织中各个要素之间正在摆脱“点的世界”，即超脱节点中心主义和网格化而向着平等的价值追求前进；各要素之间正在从“线性流动”转向“无线互联”，信息自组织演化有了“新的想象力”②，因此，其结构是一种非典型的拓扑结构。

意向性关系是信息自组织演化的另一个维度。哈肯指出，与动物之间的信息交互行为不同，人类不仅可以通过遗传密码传递信息，而且可以通过主动建立关系来丰富信息系统，这带来了人类社会巨大的知识量、丰富的文化和独特的创造力，而这在动物世界信息交互行为中是非常有限的。③ 事实上，人类社会的信息自组织演化蕴含了人类的意识能动性，这是一种意向性特征，即人可以主动地建立与外界的关系而获取信息、人可以对获得的信息进行加工和再创造、人可以将信息外化为语言或符号在社会中传递，进而创造更多信息。④ 基于此，可以将“意向性”视为信息自组织演化能力的标志。然而，智能时代的信息自组织演化是复杂的，唐·伊德很早就证实了技术意向性的存在，这意味着意向性应该是在多元主体的博弈与互动中共同显现出来的，它取决于不同因素之间的相互关系，因此意向性关系是解释信息自组织演化的重要线索。从宏观上看，信息自组织演化既是技术的互动、信息内容的互动，也是社会关系的互动，因此它不仅具有自然属性、社会属性，还具有人文属性，信息自组织演化的过程是运用各种智能技术，汇聚各种数据、信息和知识，并且吸引不同区域、层次和地区的信息主体进行的复杂的信息交互活动，在这个过程中信息系统时刻处于演进、发展的状态，其永葆活力的原因就在于各种关系在其中交错互动。从微观上看，信息自组织演化中的意向性关系可以具化为人与人、人与媒介、人与机器的深度交互，这错综复杂的关系彰显了人与社会、人与媒介、人与技术的共生共荣，关系的和谐决定

① 汪丁丁．自由人的自由联合：汪丁丁论网络经济［M］．福州：鹭江出版社，2000：1.

② Ingold T. The Life of Lines［M］. New York：Routledge，2015：44-46.

③ H. 哈肯．信息与自组织——复杂系统中的宏观方法［M］．宁存政，等译．成都：四川教育出版社，1988：61.

④ 万里鹏．信息生命周期：从本体论出发的研究［M］．北京：北京师范大学出版社，2015：67.

信息系统的稳定，这揭示了信息系统中的命运共同体正在形成，也加速推动着人类命运共同体的到来。

总之，在信息自组织的演化过程中，关系凝结于结构，结构蕴含着关系，结构和关系映射了过去与现在、静态与动态、缺位与在场、混沌与有序等诸多状态下的信息系统。

2. 信息自组织演化的形式：自创生、自生长、自适应和自复制

结构和关系是信息自组织演化的主要基础，二者的变化带来了信息自组织的多种演化形式，这些演化形式可以归纳为信息系统中的自创生、自生长、自适应和自复制现象。

第一，自创生现象。系统的自创生是指在没有外力干预下系统从无到有地自我产生、自我创造和自我形成。① 信息系统中广泛存在各种自创生现象，它既可以是系统之前没有的新结构或新关系，也可以是在原有结构和关系基础上发展进化的新现象。比如，各种智能算法的不断涌现就是自创生现象，从表面上看，这些新技术都是基于专业人员的研发、政策支撑等他组织的过程出现的，但是智能算法是否适用新的智能环境，并不仅仅取决于算法工程师，还取决于信息系统中诸多主体及其之间相互作用的结果，智能算法需要用户的数据信息作为“养料”，需要不同数据之间建立相关关系，在这一过程中，平台逻辑和现实客观规律也会纳入算法“学习”过程，最终共同实现智能算法的创生。总之，智能时代不断涌现的云计算、区块链等智能技术的背后是信息系统结构和关系各个层次的自创生，还有与之伴随的平等、共享、协同的互联网精神。

第二，自生长现象。信息系统在自创生之后，会逐步完善系统结构和关系，使其向着更合理、更有序的方向发展。这一过程主要表现为信息系统规模的扩大，即网民数量的增加、智能基础设施的增多、信息的海量生产等，信息系统由小到大、由弱变强。如果说自创生是信息系统中各要素的质变，体现了信息系统新结构、新关系不断涌现的内在机理，那么自生长则是信息系统中各要素的量变，是在信息系统相对稳定的前提下不断优化与改进其结构和关系的外在表现。② 可以说，信息系统就是在这种螺旋式上升的过程中不断优化其结构与关系，进而成为多元思想和观点碰撞的舆论场、新的伦理观念的策源地，更成为了

① 苗东升．系统科学精要［M］．北京：中国人民大学出版社，1998：144.

② 王京山．自组织的网络传播［M］．北京：中国轻工业出版社，2011：80.

信息文明和人类进化的重要助推器。

第三，自适应现象。自适应是信息系统中结构和关系与外部环境的互动，信息系统中的结构和关系总是受到社会系统的影响，并试图与现实世界保持一致。自适应的过程其实也是虚拟和现实相互融合的过程，前文提到的数字身份、元宇宙等都是智能时代的产物，尽管这些新事物在虚拟环境和网络空间中具有新结构、内含新关系，但从本质上讲它们仍然要符合现实世界逻辑、虚实相生，才能保持信息系统整体结构与关系的稳定。

第四，自复制现象。信息系统中的自复制就像生物繁殖，是系统或子系统在没有特定外部作用下产生与自身结构和关系相同的子代。[①] 信息自组织演化中的自复制表现在两个方面：信息自组织形成的时间结构和信息系统的新陈代谢。前者是信息系统的结构和关系在一定时间内相对稳定，而具体的系统各要素的变动却很大；后者是整个信息系统中出现的新陈代谢现象，就像生命周期一样，某些事物在信息系统中出现又消失，新陈代谢过程优化和调整了信息系统的结构与关系。

总之，在信息自组织演化过程中，自创生、自生长、自适应和自复制是常见的演化形式，每一种形式都表现出信息系统及其中信息活动的复杂性，基于这些形式可以归纳出信息自组织演化的核心机制。

3. 信息自组织演化的机制分析

根据协同学理论，自组织演化的动力来源于系统内部，即系统内部各组成要素之间复杂的相互作用[②]，这些复杂的、非线性的相互作用进一步导致了信息系统中各要素的竞争与协同、信息传播状态的涨落以及信息系统整体的渐变与突变。

竞争与协同是信息自组织演化中相互联系的要素之间的基本关系。一方面，系统中各要素为了存在和发展就必须保持其个体性，这样，不同的子系统或元素之间就会相互排斥、相互竞争。[③] 不同的信息主体、信息资源、信息技术之间都存在广泛的竞争关系，比如不同平台为夺取用户资源而进行的用户注意力掠夺策略，没有平台间的竞争，就没有平台技术的更新换代和内容质量的提高，竞争为信息系统的发展提供了内在动力，且这种动力源源不断地在系统内部运作。另一

① 苗东升．系统科学精要［M］．北京：中国人民大学出版社，1998：161.

② 王京山．自组织的网络传播［M］．北京：中国轻工业出版社，2011：93.

③ 曾国屏．自组织的自然观［M］．北京：北京大学出版社，1996：135.

方面，协同是系统中各要素之间保持合作性、集体性的趋势，只有竞争，没有协同，系统要素就是绝对的个体，系统就会崩溃。[①] 信息自组织在自生长和自适应演化中形成广泛的协同，比如，不同用户在社交媒体中的意见碰撞，使舆论场在自生长中不断扩大，但越来越大的舆论声势会与外部各因素产生自适应，使舆论最终走向求同存异的统一方向。显然，自生长和自适应的过程是凝聚信息共识的过程，各要素之间的协同维持了系统结构的稳定。信息系统中各要素之间的竞争与协同是系统演化的动力，竞争可以加速要素的优胜劣汰，提升信息系统的性能，而协同是信息系统始终保持整体性、相关性的内在依据。[②] 因此，竞争与协同是信息系统有序发展的重要演化机制，只有保持竞争与协同的平衡，才能使信息系统呈现动态有序的格局。

涨落是信息系统非平衡状态的表现，而耗散结构理论认为信息自组织中各要素的涨落是系统发展的建设性因素，信息系统可以通过信息传播状态的涨落达到有序状态。信息传播状态的涨落无时无刻不在信息自组织中发生，这些涨落有小规模的微涨落，也有大范围的巨涨落。例如，每年的网络流行语、年度关键词等的出现，会带来信息系统结构和关系的变化。2021 年被视为元宇宙元年，它以超出想象的爆发力引发了信息系统中各个要素的群聚效应，从元宇宙本身来看，元宇宙的底层架构是 P2P 点对点互联的网络，其自身发展依靠无数节点要素的共同发展，元宇宙作为一个信息系统，其内部包含着信息传播状态的涨落；而从元宇宙这个概念的提出对于当下社会的影响来看，元宇宙影响着虚拟和现实社会的多种要素，元宇宙概念股大涨、元宇宙的相关技术快速发展、元宇宙房产出现，一个概念引发了整个信息系统结构与关系的变化，这本身就是信息传播状态从微涨落发展到巨涨落的过程。涨落不仅会带来系统局部结构和关系的变化，而且会影响系统未来的发展方向，这在自组织演化中称为“分叉”[③]。就像抖音平台在创立之初只是单纯的短视频平台，但随着用户积累和技术改进，其功能也在增加，随着抖音中主播活跃度的日渐提高，直播带货、云导游等新的系统发展方向不断涌现，这就属于由系统涨落导致系统走向分叉。从微涨落到巨涨落，从涨落到分叉，这是信息传播状态涨落的主要内容，也进一步说明信息自组织演化具有宏观的结构和关系，信息自组织演化实质是以信息系统中各要素的竞争与协同

① 曾国屏．自组织的自然观［M］．北京：北京大学出版社，1996：135.

② 陈光华．论信息系统自组织结构的哲学归属［J］．情报杂志，2006（7）：82-83，85.

③ 曾国屏．自组织的自然观［M］．北京：北京大学出版社，1996：113.

为动力，以涨落为核心机制，最终向着形成有序结构和和谐关系的信息系统方向发展。

信息自组织演化不可能一蹴而就，其是渐变与突变交替进行的过程，渐变是信息系统不显著的变化，自生长、自复制就是一种渐变；突变是信息系统结构和关系的显著变化，是信息系统的实质性变化，自创生就是信息系统结构和关系的突变。信息系统的渐变和突变是相对而言的，就如抖音中爆款视频的出现，对于内容创作者而言是一种突变，他可以在短时间内获得更多的流量收益和财富收益，但对于平台而言这或许只是一次渐变，只有在多次渐变的累积下，才会有更多的人对平台的内容生产给予肯定和支持，并最终加入其中，平台才会实现质的突变。信息自组织演化就是在渐变与突变中不断提升信息系统功能，为人类生存提供更好的条件。

总而言之，信息自组织演化离不开系统内部各要素之间的竞争与协同，在频繁的涨落之间实现信息系统从渐变到突变的进化，但从反面来说，信息自组织演化机制的复杂性说明系统各要素之间相互作用和相互博弈，流动和变化始终是信息系统的常态，而无序和混沌始终侵扰着信息系统的结构与关系。因此，智能时代，面对复杂的、动态的、不确定的信息系统，需要洞察风险是如何在信息自组织过程中出现的，并对症下药，建立适用于众多要素、具有普适性的信息伦理方案。

第五章　技术显现与算法的道德负载

智能时代，技术在信息伦理中的地位和作用日趋重要，成为信息伦理的主体。技术在信息活动中的应用广泛，尤其是在信息开发过程中。算法技术成为信息伦理主体的关键原因在于它负载着道德价值，未来还可能具有道德意识，但这种道德价值并不是完全中立的，而是有选择性的中立。本章从算法技术在信息活动中的作用出发，分析其是如何负载道德价值的，并阐释其道德的非中立性，这是智能时代信息伦理主体重塑的第一个标志。

一、以算法技术主导的信息开发

信息开发离不开人工智能技术，人工智能的核心是算法，因此，以算法技术主导的信息开发是智能技术在机器学习中直接抓取信息价值或是由机器感知从外部信息环境中获取信息价值。信息开发的关键问题是信息的形式化和信息的编码，即如何让信息以技术或机器可以“理解”或“接受”的形式（通常是由数字或字母组成的代码）得到识别，换言之，信息需要由算法工程师转换为用机器语言承载的算法，即信息的代码化和算法化，只有这样信息才能被纳入人工智能技术中加以开发和分析。从信息和知识的关系来认识信息开发：知识可以分为基于个人情境难以表述的隐含知识和可以进行编码的明晰知识，也可以分别称它们为主观知识和客观知识。① 信息和数据是知识的“原料”，知识是信息开发后形成的更高层次的信息，但由于人工智能技术往往只可识别被编码的信息，因此基

① 段伟文．网络空间的伦理反思［M］．南京：江苏人民出版社，2002：109.

于算法技术的信息开发可以获得的多是客观知识。但随着算法技术的发展，信息开发的频率和效率都得到了提升。从技术角度来说，信息开发主要表现在计算、感知和联结三个方面。

在计算方面，算法和算力正不断满足海量信息的价值开发需求。中国互联网络信息中心发布的第49次《中国互联网络发展状况统计报告》显示，截至2021年12月，我国网民规模达10.32亿，互联网普及率达73%[①]，巨大的网民规模带来的是海量的信息资源，这为人工智能技术发展提供了丰富的应用实践和落地场景。同时，5G建设扩大了信息采集的覆盖面，有数据显示，我国目前每平方千米4G网络仅可以支持10万个联网设备，而每平方千米5G网络可以支持超过100万个联网设备，到2025年，5G的物联网连接数将达到37亿[②]，创造基于人工智能技术高度可扩展和连接密集的数字基建环境是信息开发的底层技术。目前，不仅海量的信息数据可以被全面快速地采集，而且计算能力也在获得不断突破，如量子计算机已经可以完成更为复杂的信息开发任务，其中一些任务需要传统超级计算机花费数千年的时间才能完成。[③] 在未来，传统计算机和量子计算机将共存发展，对不同体量的信息数据展开深入分析。

在感知方面，传感器、生物信息识别技术等装置正在实现对信息全时段全方位的开发。城市中遍布传感器，智能手机联网的各种数据、城市公共空间中的数据在上传云端后可以直接推送到政府、企业等相关需求方，它们以此获得相关领域信息呈现的"全局视角"，能更好地示警、洞见和决策。早在2015年，芝加哥大学就开始推行"Array of Things"[④] 城市传感器计划，通过在芝加哥市区的大街小巷安装具有不同功能的传感器，来实时检测城市的环境，采集人流量、温度、干湿度、噪声等信息，相关负责人称实施该计划的目的不仅是简单地检测城市环境，更为关键的是根据流动的信息来调整地区配电、制定建设规划、促进经济发展、打击犯罪、提供公共服务等。借助各种传感器获取信息，在对信息进行多元价值开发后将其应用于社会治理和城市建设的智慧城市理念

---

① 中国互联网络信息中心.2021年第49次中国互联网络发展状况统计报告［EB/OL］.［2020-03-19］. https：//www. doc88. com/p-03473982557767. html.

② 德勤洞察.2022技术趋势（中文版）［R］. 2022.

③ Garisto D. Light-based Quantum Computer Exceeds Fastest Classical Supercomputers［J］. Scientific American，2020（12）：7.

④ 辜腾玉. 迈向大资料城市，芝加哥先用LoT打造资料基础建设［EB/OL］.［2015-08-10］. http：//www. ithome. com. tw/news/97963.

已经成为全球城市发展的新趋势。未来十年内，运用传感器技术对个体的感知还将进一步深化，德勤公司在《技术趋势报告》中指出，依托传感器的情感计算会得到进一步发展，演绎推理和逻辑推理能力也将嵌入人工智能和人工神经网络，传感器具有检测压力、情绪的能力,① 这意味着人与人工智能技术的关系在转变，技术的影响和能力提升必将会是指数级的，技术升级使信息开发的价值最大化。

在联结方面，算法是信息开发的技术核心，海量信息通过算法实现联结，并在联结中发现新的信息价值。算法是一种有限、确定、有效并适合计算机程序的解决问题的方法，其中数据是依据、算力是支撑。② 算法是一系列清晰而具体的指令，其运行过程是将各种通过传感器获取的信息数据作为养料喂养给算法，算法对这些数据进行处理后输出新的信息，输出的部分就是信息价值的外在体现，这个过程重复循环，算法在学习中不断优化内部操作指令，以输出更高价值的信息。目前，进行信息开发的算法程序主要包括：排序算法，即对目标受众的需求和信息匹配度进行排序，选择效率更高的推荐方式；分类算法，即可以通过预先设定或动态设定的方法对事物进行分类，比如对用户的信息浏览兴趣分类，把输入条件设置成“是”或“否”，这样就可以对兴趣层层分级，进行打标签和人物画像；搜索算法，在排序和分类的基础上，搜索算法可以迅速在海量信息中找到需要的一个或多个目标；递归算法，即算法模型可以不断进阶，这意味着信息价值的开发永无止境，总可以在新的信息联结中发现新的信息价值。③ 利用算法进行信息开发，其优势在于不必考虑信息传播外部环境的不确定性，将计算逻辑贯穿始终，突破了人工处理信息的困境。近年来，工业和信息化部、科学技术部等部门多次印发关于算法助力社会发展的文件和通知，基本形成了以智能算法为核心的信息开发技术路径。

---

① Cibenko T, Dunlop A, Kunkel N. Human Experience Platforms Affective Computing Changes the Rules of Engagement [EB/OL]. [2020-01-15]. https://www.deloittedigital.com/us/en/insights.html.

② 塞奇威克，韦恩．算法（英文版·第4版）[M]．谢路云，译．北京：人民邮电出版社，2012：4.

③ 诸葛越．未来算法 [M]．北京：中信出版社，2021：17-169.

二、算法的伦理属性

纵观算法发展历史，可以发现其大致经历了数学运算法则、计算科学中的算法和当下在人类生活中发挥重要作用的智能算法三个阶段。在智能时代，算法的应用形式有很多，如数据挖掘、信息开发、知识生产、预测分析、解释说明等，大数据技术、人工智能、物联网、云计算等信息技术都需要依托算法才能凸显“智能”，算法成为信息技术的集合，尽管算法并非严格的数字化或现代化，但算法通过信息技术和计算机实体来塑造全球信息环境、影响社会实践并建构人们的日常生活。因此，简单地从数学运算逻辑和计算科学角度理解算法是不够的，从算法的技术文化和技术批判视角，塔尔顿·吉莱斯皮（Tarleton Gillespie）指出，当人们调用算法时，真正关心的不是算法本身，而是将算法插入人类知识和社会经验，以此生成新的知识，便于信息系统的运行和决策①，他为此建议要从技术、权力和系统三个层面去理解和界定更为广义的算法概念。

（一）算法是技术

埃吕尔将技术定义为实现特定目标而依据一定方法进行的操作。② 就算法而言，它是把抽象化的数学结构或公式组合成一个模型，因此算法中包含了许多运算步骤，而人类语言或机器语言在其中都成为代码，人们用这个模型解答问题，这样算法就成为人们解决问题或满足人们需求的技术工具。众多研究表明，智能算法已经具备了工具理性。工具理性是技术自身运行的目的合乎理性，它不同于人的信念和价值观至上的价值理性。算法技术的工具理性正以似乎“无人”的精确高效在全球范围内构建了一套技术标准和技术系统，所谓“无人”不仅是指技术通过对政治、经济、文化和意识形态的全面渗透形成技术化生存的社会秩序，而且意味着技术可能会成为最残酷、最暴虐的统治形式，代替过去单纯的政治和经济压迫，造成对人的全面性的压制和奴役。③ 智能时代，以算法为基础的

① Gillespie T. Algorithm（Digital Keywords）［M］. Princeton：Princeton University Press，2014：54-55.

② Ellul J. The Technological Society［M］. New York：Vintage Books，1964：19.

③ 刘同舫 . 技术的当代哲学视野［M］. 北京：人民出版社，2017：3.

技术化生存在拓展人类生活空间的同时，也可能破坏人的道德性并带来生存危机，此处引入唐·伊德“技术意向性”的概念有助于加深对算法技术的认识。

唐·伊德从技术的目的和功能的角度出发，将“用具的形式指引”或“指向结构”称为技术的意向性（Technological Intentionality）。[①] 具体来说，技术的意向性有三层含义：

其一，技术面向现实特定层面的定向性（Directedness），这层含义类似于英尼斯的“传播的偏向”或者拉图尔的“脚本”。例如，算法技术致力于实现信息传播在时间偏向和空间偏向上的平衡，算法在信息开发中的即时开发和使不同的信息间建立联系的特点，不仅拓展了信息到达的空间范围，而且将流动的信息保存在云端，使信息得以长期传播和存储。与此同时，算法最初的设计目的就是一种“脚本”，就像算法推荐新闻的目的是让用户获取感兴趣的信息，设计无人驾驶汽车的目的是超越人们身体和心智的局限，让人们不必亲自开车和减缓交通压力。

其二，技术意向性是技术具有特定的导向性、倾向或者轨迹。类比于唐·伊德提出的文字处理软件的出现拓展了人们写作能力，于是文章越写越长并且能随意修改的例子，运用算法技术进行信息开发让人们不必担心如何分析海量数据，算法的运算速度越来越快，分析能力越来越强，但使用算法技术在“倾向于”出现以上好处的同时，也可能弱化人文价值，甚至出现回音室效应或黑天鹅效应。从这层含义来看，算法技术的意向性并不完全是算法的固有属性，而是在人们使用算法时“成其所是”，因此，使用算法技术所构成的意向性是人们使用算法的过程对自身行为的塑造，也可以说，通过使用算法而构造了一种新的“主体性”。

其三，技术的意向性是“以技术为中介的意向性”，技术在揭示现实时起到居间（Mediation）作用。[②] 唐·伊德提出了人与技术的四种关系：具身、诠释、背景和它异，认为技术在使用过程中处在一个不断生成和变化的境域之中，居间作用不是技术自身的本质属性，而是在人与技术的相互作用下出现的。虽然算法技术是否可以成为道德或不道德的“主体”需要在特定境域中具体分析，但毋庸置疑的是，算法技术正在为许多技术伦理问题提供“物质性”解答，有时甚至成为人们责任开脱的挡箭牌。当人的行为不仅由他们自己的意向所决定，而且

---

①② 韩连庆．技术意向性的含义与功能［J］．哲学研究，2012（10）：97-103，129.

由他们生活于其中的技术环境所决定的时候，就需要全面看待伦理理论中自主主体的核心地位。[①] 正如传统信息伦理将主体视为自主的，但算法涉及的伦理需要考虑算法技术的意向性对信息伦理主体的构成作用。

（二）算法是权力

算法权力是算法在信息开发、信息把关和塑造信息生态环境时产生的技术优势，这种技术优势会对信息生态中的多元主体施加控制力。近年来，随着现实空间和网络空间的联系日益紧密，算法在网络信息空间中建立的行为准则会投射和影响现实社会的信息秩序。劳伦斯·莱斯格（Lawrence Lessig）提出了“代码即法律”[②] 的观点，认为算法是用代码来规范人们的行为，从某种程度上看，算法和法律的区别只是一种非正式规则和正式规则的区别。随着代码在网络空间变得无处不在，权力会完全渗透进算法之中。[③] 由于算法是人们在信息开发等信息活动中引入的量化、自动化和程序化的机制，算法规则赋予了这些机制强大的特权，因此人们往往只有在遵循和接受相应的算法规则时，才能更好地参与信息活动，于是算法渗透在信息活动之中并得到人们的依赖，算法可以给予人们信息权利，也可以给予人们信息能力，同时算法本身也可以代替传统权力而行使算法权力。例如，算法对新闻业的改变：重塑新闻生产流程、削弱传统媒体把关权和话语权、解构公共空间等，不难看出，新闻业正在围绕算法谋划行业发展，算法权力背后也表现出一种新型社会信任形态，即从对于人的信任转化为对算法的信任，这必然会引发信息生态格局中多种权力与利益的博弈。[④]

算法的权力表象是技术权力，但其背后暗含着政企合作、平台博弈和资本权力。算法运行依赖于吸收大量的数据信息，政府部门、互联网平台因为能够掌握海量数据而具有引导算法的能力，因此政府部门和互联网平台掌握着更多的算法权力。算法权力既被视为一种独立的权力，因为算法总是“趋向于客观性”[⑤]，

---

① Verbeek. Post Phenomenology：A Critical Companion to Ihde［M］. New York：State University of New York Press，2006：121.

② 劳伦斯·莱斯格．代码2.0：网络空间中的法律（修订版）［M］．李旭，沈伟伟，译．北京：清华大学出版社，2018：10.

③ Lash S. Power After Hegemony：Cultural Studies in Mutation?［J］. Theory，Culture & Society，2007，24（3）：55-78.

④ 喻国明，陈艳明，普文越．智能算法与公共性：问题的误读与解题的关键［J］．中国编辑，2020（5）：10-17.

⑤ Hillis K，Petit M，Jarrett K. Google and the Culture of Search［M］. Abingdon：Routledge，2012：37.

又被认为是具有逻辑的、公正的，算法分析的结果总是具有强大的合法性和权威性，同时算法权力也是一种可以赋能和衍生的权力，互联网平台在大量采集个人信息数据的同时，借助算法自动过滤海量信息，把用户与内容、服务和广告联系起来，而这个过程往往是不透明的。在西方国家的信息生态体系中，苹果、谷歌、亚马逊和微软等大型科技公司掌握着算法、算力和信息，这些要素与社会信息基础设施无缝整合，进而具有了控制和影响交通运输、酒店服务、新闻传媒等方面的能力。[①] 显然，算法并非中立，它在构建并实现着新的权力，需要警惕的是，未来有可能会出现以“算法即权力”为主导的社会政治权力和技术霸权。[②]

（三）算法是认知系统

从本体论出发，一些学者认为算法根本上是由人类思想主导设计的，所以算法属于人们的心理表征和功能客体，算法在本质上表现出人类的认知。任何对象产生的认知都是双向的，就如数学家引入概率论等数理规律来判断事件可能发生的确定性而建立的一系列数学公式和模型也影响了人们对新事物规律的认知。算法亦如此，它是人们从世界中提炼和设计出的事物，也同时塑造世界的其他事物。尤瓦尔·赫拉利预测未来“一切皆是算法”[③]，指出世界万物皆可算法化，但算法同时也建构着世间万物。智能时代，人们正在用算法的方式认识世界、分析问题和创造知识。算法使人们的认知建立在数据信息开发和分析的基础之上，基于算法的测量、统计、计算等是现代科学最重要的认识活动。过去，逻辑推理能够对世间万物之间的联系进行描述，各类自然和社会规律都蕴含其中。现在，在算法的训练研发过程中，数据信息的质量和训练数据信息集的选择决定了神经网络、深度学习算法的质量以及训练过程的效率，而有害的数据信息甚至会损毁整个算法系统。[④] 人们使用算法对世间万物和各种现象进行量化，过去人们用大脑获取信息并产生知识，这些知识在人们的社会实践中被反复验证，最终形成信念，信念是人们不断生产和获取知识的核心动力，于是更多的知识得以生产和传播。现在人们对世界的认知主要依靠各种信息和数据，以及以算法技术为基础的

① Van Dijck J，Poell T，De waal M. The Platform Society：Public Values in a Connective World ［M］. New York：Oxford University Press，2018：226.

② 喻国明，耿晓梦．智能算法推荐：工具理性与价值适切——从技术逻辑的人文反思到价值适切的优化之道［J］. 全球传媒学刊，2018，5（4）：13-23.

③ 尤瓦尔·赫拉利．未来简史：从智人到智神［M］. 林俊宏，译．北京：中信出版社，2016：273.

④ 胡晓萌．算法主义及其伦理批判［D］. 长沙：湖南师范大学，2021.

信息系统和信息基础设施，知识从算法对各种信息数据的分析中产生。佩德罗·多明戈斯提出“终极算法”① 的观点，认为算法只要不停地被喂养信息数据，知识和规律就会被不竭地生产和传播。无论是“一切皆是算法”的观点还是“终极算法”的观点，都说明算法已经取代了人类在信息传播和知识生产中把关人的角色，算法给智能时代人们的生存带来了机遇和挑战。

随着智能时代算法技术的发展，过去塑造社会阶层的符号因素、传统技能因素等不得不让渡出部分空间，可以把握算法思维、掌握算法技术或者对算法赋能有着深刻理解的人，就能抓住时代机遇实现个人价值。在我国，农产品的直播带货和乡村生活的公众展示已经成为社交平台上持续的热点，借助算法技术开展的乡村振兴和智慧城市建设也成为科技公司落实社会责任的重要抓手，出现了“野生码农”“数字劳工”等“数字新势力”，久未激活的小众文化在智能信息分发中顺利“出圈”②，技术的发展赋予了那些小众、普通的事物或群体前所未有的话语权。然而，在算法等智能技术改变世界的同时，社会中也涌现出了新的社会思潮，如“算法主义”“技术乌托邦主义”等，这些思潮多认为技术正消解着传统的社会权力结构和社会圈层，使世界迎来新的文艺复兴。技术发展如此之快，马克思在工业革命时就曾提醒每一种技术革命都改变着许多群体或个体的命运，人们要做的是时刻保持觉察、警示和批判。目前，青少年的媒介成瘾唤起人们对这一群体人生发展的担忧；困在算法系统中的外卖骑手仍在马路交规面前冒险；卡车上的数字定位设备成了千万卡车司机的镣铐。③ 显然，看上去美好的智能时代，依然存在苦涩和不堪，算法就像一场裹挟众生的洪流，我们身处其中，只需从批判的视角看待它就会有不同的洞察。

算法是技术，是权力，还是认知系统，从任何一个层面看，算法都包含着丰富的伦理内涵：算法与人类生存有着密切联系，算法不仅是人们认识世界和改造世界的手段，而且算法的应用及其发展也是实践活动，算法实践深刻凸显社会发展和主体完善的双重关切，算法发展映射出社会实践的价值。算法在智能时代的应用过程中表现出伦理的两面性：尽管算法受到了人们的追捧和赞誉，但其可能或正在引发的信息伦理问题不容忽视。综上所述，算法是负载着价值的，是具有伦理内涵的，算法在信息开发中的技术操作也是伦理操作，算法的伦理属性是其

① 佩德罗·多明戈斯. 终极算法：机器学习和人工智能如何重塑世界［M］. 黄芳萍，译. 北京：中信出版社，2017：24.

②③ 数字原野工作室. 有数：普通人的数字生活纪实［M］. 广州：南方日报出版社，2022：6-107.

通过信息开发活动进行伦理问题分析的基础。

三、算法并非中立：技术合理性与可选择性的僭越

历史表明，技术的进步与理性的发展导致了“工业化世界”的出现，同样算法的发展也推动了人们的“数字化生存”，以此赋予人们新的社会价值观，在此基础上人们“设计”出新的网络信息规范，形成新的信息秩序。在信息开发过程中，技术和理性具有绝对权威，这也可以概况为“技术合理性”，即技术在信息开发过程中要合目的性、合规律性和合规范性。有学者认为技术合理性作为现代性运动的必然结果，充分彰显了人类在实践活动中理性安排世界秩序，以摆脱命运的偶然性的欲望与能力。[①] 尽管技术合理性在信息开发中的巨大力量毋庸置疑，但技术合理性中也蕴含着很多不合理因素，如质疑合理性是被专家和平台主导的合理性，算法黑箱造成普通人对此毫无发言权，由此专家、平台等会凭借技术合理性树立社会控制的合法性，同时技术的自主性可能会对人们造成伤害等，所以对技术合理性的批判也悄然而起。

技术合理性的潜在前提是技术的非中立性，由于所有的技术设计都包含着将伦理规范或审美需求“转译”为物质或技术组织形式的内涵，在技术设计中价值被赋予人造物和技术体系[②]，因此，信息开发中价值的话语式表达需要通过算法来实现，转译的作用在于把明确的信息开发需求和伦理准则投入到算法设计中。那么，如何实现信息开发中算法设计过程的技术合理性？安德鲁·芬伯格的技术批判理论提供了思路。

安德鲁·芬伯格首先指出技术理论的两种形式为工具理论和实体理论。工具理论建立在人们具有的常识观念的基础上，认为技术是为人们服务的工具，因此技术是中立的，它不具有价值内涵，与政治、意识形态等毫无关联；实体理论认为技术已经变成自主的，并构成了新的文化体系，人和存在（Being）单纯地成

① 刘同舫．技术的当代哲学视野［M］．北京：人民出版社，2017：85.

② 安德鲁·芬伯格．技术体系：理性的社会生活［M］．上海社会科学院科学技术哲学创新团队，译．上海：上海社会科学院出版社，2018：261.

为技术的对象。[①] 在安德鲁·芬伯格看来，这两种典型的技术理论虽有很多不同之处，但最终对技术的态度都是接受它或放弃它，工具理论不涉及价值，只考虑技术的应用，实体理论把技术看作统治文化的手段，将技术引向了“敌托邦”方向，两种理论都在片面地认识技术。安德鲁·芬伯格认为，技术承载价值，并非中立，同时也需要不断修正技术合理性。

技术批判理论指出技术的合理性就是把社会价值及统治阶级的利益融入技术设计中，这种融入不完全是自然规律的反映或意识形态的表达，而是处于二者交叉点上的“技术代码”在无形中沉淀了价值、道德、利益并在技术设计中发挥作用。算法设计离不开价值的植入，因为价值是未来的事实，是具有现实基础的主体愿望，我们的世界是由统率其创造物的各种价值塑造的。[②] 在信息开发过程中，算法设计遵循主流价值、人文道德和开发者利益，这符合算法合理性。由于技术并非中立，因此技术合理性与技术偏向性总是共存的，技术合理性是不断变化的。借用韦伯的合理性理论可将技术偏见划分为实质偏见与形式偏见。实质偏见是建立在不平等标准之上的成见，算法技术设计依据不平等的标准可能对特定群体造成人权损害，2019 年美国国家标准与技术研究院发布的一份报告显示，全球 99 名开发人员提交的 189 种人脸识别算法在根据人口统计数据识别不同的面孔时，识别非洲裔或亚裔人脸照片的错误率高出识别白人人脸错误率的 10~100 倍，在搜索数据库以查找给定的面孔时，非洲裔女性显示错误的比例明显高于其他人口。[③] 形式偏见是偏见更微妙的情况，是技术标准应用于不能比较的个人或群体，或者说是在时间、地点和由相对中性的要素组成的系统的引入方式上存有成见的选择。[④] 就像马克思认为装配线技术是为资本家提供的防止工人反叛的武器、福柯把全景监狱视为对罪犯规训的方式等，这些技术或多或少都是具有偏见的技术，这些技术可能带来的负面结果并不让人感到意外，其背后总是包含着一种统治与被统治的关系。

算法合理性的实现依赖于算法设计师、算法使用者、平台和用户、算法专家

---

① 安德鲁·芬伯格．技术批判理论［M］．韩连庆，曹观法，译．北京：北京大学出版社，2005：3-5.

② 安德鲁·芬伯格．技术体系：理性的社会生活［M］．上海社会科学院科学技术哲学创新团队，译．上海：上海社会科学院出版社，2018：11.

③ 唐颖侠．算法黑箱强化偏见　数字技术加剧美国的种族歧视［N］．光明日报，2022-06-20（12）．

④ 安德鲁·芬伯格．技术批判理论［M］．韩连庆，曹观法，译．北京：北京大学出版社，2005：98.

与外行等多相关主体之间的有效沟通，也可以说是依赖于公共抗争与算法完善之间的合理互动。无论是算法专家还是外行都没有垄断算法合理性的权利，因为技术合理性总是被分配在专家与非专家、事实与价值的分界线之间。[①] 安德鲁·芬伯格提出的形式化合理性与规范性为智能时代不断修正算法的合理性提供了方法论。

首先，技术设计要有社会性角色的参与。在安德鲁·芬伯格看来，技术设计涉及对因果关系的理解，也涉及对各种因果关系做出选择，这两方面的结合决定了技术代码和技术运行逻辑，并为技术结果带来了特定的形式化偏向。[②] 目前看来，技术专家具备专业知识且具有执行技术决定的能力，但用户没有，用户只是借助日常经验而不是对技术规训的掌握来干预技术决定，对于技术本身而言，经验和技术规训都需要被调和，因此在强调提升技术专业人员相关素养的同时，也需要进行“民主干预”。以算法设计中的民主干预为例，第一，干预可以在算法对人们接收信息产生一定影响之后发生，如隐私侵犯导致的诉讼，会推动新一轮算法设计、算法治理规则的制定；第二，干预可以是对算法的创造性占有，包括黑客入侵或算法战争，但这种干预可能会带来信息主客体间的冲突；第三，干预可以是在算法设计之初进行的行动，如政府、平台等对算法设计的价值引导和价值把关等。

其次，安德鲁·芬伯格认为技术合理性和技术应用所处的文化环境是不可分割的，技术设计需要考虑文化结构和文化语境。在多元文化环境中，技术应用逻辑一旦被确定，通过技术代码作用于技术设计所产生的技术便展现出多重向度的张力，这样多重走向的技术形成了可选择的现代性。[③] 文化的多元和技术的选择相互促进，这为不同国家将技术设计和选择与文化相融合提供了本土化道路。尽管如此，但当技术在特定文化环境中遇到无法克服的困难时，其便会沦为一种“可选择性的僭越”。一方面，以特殊性替代普遍性的论证方法会使技术面临以偏概全的逻辑困境，如技术设计考虑伦理因素是必要的，但各国文化环境不同，伦理规范也不同，尽管可选择的伦理原则很多，但照搬照抄某一技术设计的逻辑

① 安德鲁·芬伯格．技术体系：理性的社会生活［M］．上海社会科学院科学技术哲学创新团队，译．上海：上海社会科学院出版社，2018：198.

② 安德鲁·芬伯格．技术体系：理性的社会生活［M］．上海社会科学院科学技术哲学创新团队，译．上海：上海社会科学院出版社，2018：196.

③ 刘同舫．技术的当代哲学视野［M］．北京：人民出版社，2017：63.

而不考虑文化差异是不合理的。另一方面，在选择问题上应该有明确的规则，即规范性。规则是技术与现代社会互动的中介要素，由于技术可能代表和凸显着权力和多元利益，因此明确技术设计、操作的规则是必要的，技术权力服从于规则，而规则可为技术权力提供保障，进而为技术发展开拓更广阔的空间。[①] 规则可以是法律、规范或建议等。

安德鲁·芬伯格的技术批判理论给予我们以思考：如何在海量信息和不确定的时代背景中找到民族与技术契合的合理方式，从而抵制算法等一切可能的力量对人类“潜能”的压制，保障人在智能时代数字化生存的主体性。

① 刘同舫．技术的当代哲学视野［M］．北京：人民出版社，2017：65.

第六章 “道德的媒介”对信息活动的塑造

媒介是现代社会中信息传播活动发生和实现的中介性公共机构，是搭建和联通人们信息关系的渠道，其传输信息、引导舆论，反映和遵循信息伦理规范。智能时代，新闻媒体和互联网平台的意识理念、情绪心态会通过新闻从业者或平台参与者的言行作用于现实社会，进而观照整个社会价值观和伦理观的走向。媒介的伦理道德水准影响着信息传播质量，直接关系到人们是否可以获取真实的信息并对世界产生合理认知。媒介具有道德品性和伦理内涵，成为重要的信息伦理主体，重塑信息生态和信息秩序需要在广泛利用媒介进行深度信息传播的基础上实现，媒介已经成为信息伦理中不可或缺的角色，这是信息伦理主体重塑的第二个标志。

一、作为“信息器具”的媒介

器具是储物的载体，是由人制造而成的，在海德格尔看来，制作器具的人参与了一个器具进入其存在的方式①，器具会参与定义和影响人们的存在状态。信息器具存储的是信息，是信息的载体，是人与世界的信息中介。从传播学的视角来看，媒介和信息器具在内涵上有交叉重叠，媒介具有存储并传输信息的功能，如同海德格尔的观点，信息器具是以人为中心的存在，勾连并构建人们通过信息看待世界的方式，媒介同样如此，人们在接收和传输信息的过程中所有“被给

① 倪梁康．面对实事本身——现象学经典文选［M］．北京：东方出版社，2000：361.

予”的东西，都是媒介对人的世界的建构。以新闻媒介为例，智能时代新闻媒介发生了重大变革，这些变革建构和改变着人们看待世界的视角、态度和方式。一是新闻媒介主体的日趋多样，使越来越多新的行动者加入信息的生产和传输过程，比如自媒体号层出不穷，丰富的媒介形态颠覆了传统媒体把关人的角色，冲击了大众媒体对信息的垄断；二是平台媒介的出现，主要包括各种社交平台和资讯聚合平台，它们往往不直接生产信息，只是信息的搬运工，用较低的成本向广大用户传输信息，催生了非常规类型的新闻业；三是媒介跨区域化和全球化的特征凸显，世界各地的信息都可以在媒介平台上自由流动，全球性的信息事件越来越多地被发掘和报道。① 由这些变革不难看出，作为信息器具的媒介集合了人与信息的特征，其变革不仅展现出了人们信息能力的提升，而且构建出不断更新的信息世界。与此同时，媒介伦理关系中的主体、客体及其相互关系也在变化，媒介伦理适用的范围不断扩大，媒介伦理观念与方法在智能时代需要被重新审视。

作为信息器具的媒介反映了一定时期信息技术的发展水平，也体现出一定时期人类的信息文明形态。② 由于信息具有关系性、涌现性和共享性，信息器具承载人的价值和需求，媒介既是“人为”之物，也是“为人”之物，是人性和物性的统一，因此媒介负载着主体和客体施加的伦理规范和道德要求，作为信息容器的媒介必然扮演着信息伦理引导者的角色。媒介对信息伦理的反映、推动和修正正通过多种方式表现出来：媒介可以突破时空、民族等差异限制，把不同的受众聚合在一起讨论公共事件，深化信息伦理的纵向交流；媒介可以通过传播信息成为社会道德风尚的向导，塑造社会伦理观；时效性是媒介信息传播突出的特点，信息技术变迁和媒体形态翻新拓宽了媒介参与的领域，传统信息伦理被不断修正，新旧信息伦理在媒介质询、解构、理解和构建的波动和冲突中经受着洗礼和筛选。③ 媒介在信息伦理发展中具有重要作用，使媒介自身的伦理规范、道德行为对信息传播和信息生态建设有着深远意义。

---

① 陈昌凤，雅畅帕．颠覆与重构：数字时代的新闻伦理［J］．新闻记者，2021（8）：39-47.

② 肖峰．科学技术哲学探新（学科篇）［M］．广州：华南理工大学出版社，2021：265.

③ 孟威．媒介伦理的道德论据［M］．北京：经济管理出版社，2012：3.

二、媒介的道德议程设置与舆论引导

信息传播活动作为人们用媒介实现交流互动的行为，是体现人的道德选择的行为，作为信息容器的媒介因被赋予道德功能而具有了伦理道德属性。媒介具有四个主要功能：报道（新闻）、劝服（广告）、呈现（公共关系）和娱乐。[①] 从当下传媒产业的发展规模来看，2021 年全球传媒产业产值超过 2.2 万亿美元，同比增长 6.5%，其中互联网广告、互联网营销服务、移动数据及互联网业务、网络游戏、网络视听短视频及电商为五个收入超千亿元的行业，且受众规模持续稳定增长[②]，这从侧面表明了大众对媒介功能的依赖。从信息伦理的角度看，媒介四种功能表现出媒介承担着社会道德议程设置的任务。媒介无处不在，它所传递的道德文化信息可以对人产生潜移默化且深远持久的影响，施拉姆曾经以电视为例，指出媒介的道德影响力总是无形的。在我国，新闻、娱乐节目都体现着一定的道德规范和伦理准则，对公众进行交叉、反复的影响，从而形成一种围绕在人们周围的“道德信息场”。[③] 我国近年来发布了一系列文件，加大对媒介平台出现的炒作炫富、无底线审丑等泛娱乐化现象的整治力度，这在无形中影响了接收媒介信息的大众，使其也将这些低俗现象视作有违伦理和道德的，道德观念和伦理规范得到强化。新闻媒体是对主流价值观念进行直接宣传，算法新闻则是根据用户画像把信息直接推荐给受众，在基于算法的智能推荐中，信息背后的价值观也一并被推荐给了受众，但值得注意的是，算法技术对传统新闻价值理念进行了解构和涵化：对新闻价值选择、新闻客观理论和新闻伦理规范的解构，以及对新闻生产、受众心理和新闻伦理的涵化。[④] 因此，媒介的道德议程设置具有双重性，可以提升受众的道德素养，促进信息生态文明的形成，也会污染人们的精神，出现各种伦理失范乱象。

---

① 克利福德·G. 克里斯琴斯，马克·法克勒，凯西·布里坦·理查森，等．媒介伦理：案例与道德推理［M］．孙有中，郭石磊，范雪竹，译．北京：中国人民大学出版社，2014：67.

② 崔保国，陈媛媛．2021—2022 年中国传媒产业发展报告［J］．传媒，2022（16）：9-15.

③ 郑根成．媒介载道：传媒伦理研究［M］．北京：中央编译出版社，2009：47.

④ 刘海明．算法技术对传统新闻理念的解构与涵化［J］．南京社会科学，2019（1）：117-124.

媒介的伦理功能还体现在社会舆论方面，媒介在信息传播的过程中总能形成舆论、积聚舆论并引导舆论。舆论是内在地包含伦理道德的力量，但舆论对人来说具有外在性，它通过信息传播不断影响人的道德感，并在媒介营造的道德氛围中影响每个社会成员的言行。① 以微博热搜为例，它是依据微博平台用户真实的信息行为进行计算，实时发现微博平台内受到广泛关注的内容，形成榜单，尽管微博热搜具有实时性且看似完全基于算法呈现，但平台依然可以通过设置“道德议题”来引起人们对某些话题的关注，通过设置热搜的词条内容来引导社会对社会问题进行反思。例如，微博热搜的顶部往往是一条契合国家政策的热点内容，如“尽最大努力确保人民群众生命财产安全”等；微博热搜的第三条往往是当下的热点事件，如“为冬奥运动员打 Call”等。在媒介平台中，舆论还会对当事人的信息行为产生纠正作用，成为强大的正义力量，网络舆论经常能推动相关问题的解决。然而，网络舆论也具有双重性，那些攻击性言论、谣言、虚假信息等会破坏信息生态秩序，不利于网络空间的净化和信息传播的有效进行。

三、从自由到责任：媒介的伦理理念变迁

媒介具有重要的道德功能，媒介伦理试图界定信息传播中被人们所共同认可的且符合伦理规范的内容。19 世纪以来，媒介自由主义和社会责任理论相继成为西方国家不同阶段的媒介伦理核心理念，反映出媒介发展变化过程中媒介伦理的复杂性。媒介自由主义强调人们的言论表达是具有道德的，自由不只是一种关于权利的媒介理念，还是现实中的媒介运动，即追求理性表达、言论自由的运动，自由为此成为新闻自出现以来就被人们一直追求的价值，尤其是在反对封建专制集权统治的过程中散发出强烈的理性光辉。媒介自由主义认为不应该剥夺人与生俱来的权利，其中就包括生命追求自由的权利。在关于理性精神的论述中，弥尔顿指出人是理性的动物，生来就具有独立自主的意志，因此为了充分发挥人的理性，就应该让各种观点自由辩论，这也是获得真理的途径。在我国，媒介自由主义发轫于鸦片战争后，随着西方报刊观念传入中国，国内一批报刊人喊出言

① 沙勇忠．信息伦理学［M］．北京：国家图书馆出版社，2004：250.

论自由的口号，后来在“五四运动”人本主义思想大潮的影响下，自由主义媒介理念在中国得到了广泛传播，新闻出版事业也获得了较好发展。然而，随着反封建事业的胜利，新闻自由有时阻碍了社会发展①，人们开始普遍认为，随着媒介市场化和商业化运作，资本对媒介的操控使自由变得不再纯粹，媒介必须要在责任的前提下实现自由，于是社会责任理论顺势而生。媒介的社会责任理论旨在说明新闻自由是权利和义务的统一，既坚持获得言论自由是公民的重要权利，也坚持媒介要肩负社会责任。在一定程度上，社会责任理论并不与媒介自由对立，而是其演变的一种形态。社会责任理论对媒介自由主义进行了修正，对自由的解读从人与生俱来的权利转变为以个人对于他人或社会的义务为基础的道德权利，换言之，自由是有代价的，自由的前提是对自己的良心和公共利益负有义务。尽管社会责任理论使媒介在信息实践中面临诸多难题，尤其是在媒介究竟应该为谁负责的问题上产生了分歧，但不管怎样，媒介的主要伦理原则总是随着媒介功能的变化而变化，从“看门狗”与“把关人”，到追求新闻的真实性与客观性，媒介伦理理念得到了确认和共识。

在智能时代，传统媒体和新媒体并存发展、公民新闻出现、信息流通全球化等因素使新闻业进入“混合媒体”阶段②，诞生于 20 世纪中期的四种传播理论模型已经无法适应当下的传播环境，媒介伦理也由此有了新发展。在智能时代，媒介承担着重要的公共职能，有学者将其归纳为监测、促进、合作和激进。监测意味着媒介有责任对新闻内容进行阐释并提出忠告；促进是媒介不仅要对社会中的活动进行报道，还应该起到支持和稳固社会的作用；合作是在应对战争、自然灾害、全球变暖等全球性问题时，媒介应该支持政府和相关组织；激进是媒介应该为对现存秩序持批评态度的人提供发声平台，尤其是关注社会资源的分配公平问题。③ 尽管这四种媒介职能的提出依然是在西方国家媒介发展视角之下，但它为各国本土媒介伦理的产生提供了有力参照，是具有全球视野和普世性经验的媒介伦理体系。基于此，著名媒介伦理学家克里斯琴斯指出人类文化有“普遍原始规范”，据此可以尝试建构全球性的媒介伦理，在全球性问题的解决过程中发挥

① 郑根成．媒介载道：传媒伦理研究［M］．北京：中央编译出版社，2009：65.

② 单波，叶琼．全球媒介伦理的反思性与可能路径［J］．广州大学学报（社会科学版），2021，20（3）：34-43.

③ 克利福德·G. 克里斯琴斯，西奥多·L. 格拉瑟，丹尼斯·麦奎尔，等．传媒规范理论［M］．黄典林，陈世华，译．北京：中国人民大学出版社，2022：67.

媒介的重要作用。自 20 世纪以来，涉及全球媒介发展的伦理规范层出不穷，据统计大约有超过 400 种新闻伦理规范①，其中具有较大影响力的有联合国发布的《大众传媒宣言》《国际新闻道德信条》等，这些与媒介相关的伦理规范致力于建构具有普世性的媒介伦理。普世性媒介伦理的基础不再是中西方新闻体制机制的差异，而是人类共同的情感基础，是一套去西方中心主义的、多元的全球媒介伦理，以谋求在信息传播中不同传播主体之间的主体间性和相互共鸣。

综上所述，媒介具有道德属性，媒介在信息传播中扮演着道德监督者和伦理引导者的角色。作为信息容器，媒介为各类信息传播提供了平台，各类社会群体在其中表达意见和态度，在一定程度上成为现实世界的映射。媒介具有道德议程设置和舆论引导的功能，它像社会监视器一样，可以对信息传播中不道德的行为进行监测、预警和调适。媒介伦理经过时代变迁，在智能时代有了全球性的转向，这既符合信息传播的特点，也契合人类共通的道德追求和情感认同。

① Ward S J A. Global Journalism Ethics：Widening the Conceptual Base［J］. Global Media Journal，2018（1）：36.

第七章　数据解析与人的数字化生存

数据日益成为信息利用中不可或缺的一部分，创造性地利用数据对人们的工作生活有着重要影响。卢西亚诺·弗洛里迪指出，人类在经历哥白尼革命、达尔文革命和神经科学革命之后，正在经历以图灵革命开启的第四次革命，这让我们意识到人类在逻辑推理、信息利用和智能行为领域的主导地位已不复存在，数字设备代替人类执行各种各样的任务，各种数据纷繁交织，我们的数据被记录、处理和应用，凸显了人们已经成为信息智能体的本质。[①] 随着信息技术的发展和应用，人们在线上线下的行为被记录成数据，成为人们的“数据足迹”，掌握这些数据的人可以对这些数据进行评判、分析和干预。从社会形态变迁的视角看，无论是通过数据量化自我和描述世界，还是利用数据实现液态监控和社会治理，都预示了智能时代全新的社会形态——数据解析社会的到来。数据解析社会这种新的社会形态是革命性的[②]：一方面，数据在人们生产生活中的作用愈加重要，数据就像13世纪出现的透镜，借助由透镜制造而成的显微镜和望远镜，人们可以洞察微观世界和宏观世界里的一切事物，如今“数据透镜”也记录着人们的行为轨迹，万事万物都通过数据被透视和观察；另一方面，就像解析几何让函数成为重要的研究对象，催生规律分析一样，数据和算法的应用正在让人们的行为规律得到分析和预测。数据解析社会实质上是对人的行为进行更加精细的量化分析与管理，但由于不同国家之间在数字经济和信息技术发展水平上存在差异，因此不同国家对数据伦理和数据权利的认知是有差别的。近年来，欧盟出台了《通用数据保护条例》等一系列涉及数据伦理的规制条例，这为我国信息利用伦理的构建提供了参考，同时也意味着我国要积极探寻一个与其他价值体系对接的信息伦

① 卢西亚诺·弗洛里迪．第四次革命［M］．王文革，译．杭州：浙江人民出版社，2016：107.

② 段伟文．信息文明的伦理基础［M］．上海：上海人民出版社，2020：168.

理接口，推动数据在智能时代信息伦理中的价值重构。数据成为信息伦理不可或缺的角色，这是信息伦理主体重塑的第三个标志。

一、量化自我与人的信息化在场

智能时代的表征是将世界转换为数据或世界的数据化，从数字身份、数字画像到智慧城市和网络舆情，各种基于数据解析的社会现实即数据化社会实在的构建都涉及两个方面的内容：一是用数据来表征作为主体或群体认识对象的社会存在，"以数识人""以数识物""让数据说话"使人们在生活中产生了人数协同的数据感；二是基于数据解析建立联系或采取行动，对社会进行更有效的调控和治理。正如埃雷兹·艾登等所言："只要拥有充足的数据记录和一定程度的计算能力，那么人类文化的相关研究就会达到新的制高点，我们也就可以在认识世界以及理解我们在世界中的地位方面做出令人惊叹的贡献。"[①] 可以说，数据解析社会具有全面数据化的特征，通过数据洞察和认识社会实在，进而实现对社会更高效的组织和管理。从个人和社会两个层面来看，数据解析社会的现实表征是人的信息化在场和社会的深度数据化。

在数据解析社会中，人类与记录人类特征和行为的数据逐渐融合在一起，从人类的存在形态来看，出现了"数字人""信息人"甚至"赛博人"的说法，这颠覆了智能技术和数据出现前人们对人类的认识。基于数据来重新定义人类，在美国社会学家马克·戴维斯看来极具开创性，他认为在人类出现并开始具有高度自我意识和行为能力时，人类只是物理空间的实体，是可以在世间自由行动的生物体；随着法律制度的建立，人类的行为被法律约束，人被称为法人；从互联网出现到智能化、数字化，人们的行为"全数入网"，数据不仅成为人的特征，而且成为个人被社会所认知的基础。[②] 换言之，正是信息技术发展的日新月异，使可计算的数据和信息渗透进社会的方方面面，人类进入了一个可以被信息技术和

① 埃雷兹·艾登，让-巴蒂斯特·米歇尔．可视化未来：数据透视下的人文大趋势［M］．王彤彤，沈华伟，程学旗，等译．杭州：浙江人民出版社，2005：11.

② 斯特凡·韦茨．搜索：开启智能时代的新引擎［M］．任颂华，译．北京：中信出版社，2017：177.

智能机器全面读取的数据解析世界。

信息化在场是智能时代人的媒介信息存在形态，是人以符号、数据、图像等信息方式展现出来的虚拟在场，它正在延伸、替代人的实体性在场[①]，是数据解析社会中个人数据化的现实表征。信息化在场是以信息出场或数据出场代替身体出场，造成人“亲临其境”的在场效果。维纳认为，生命体的本质就是信息。[②]从人的生物属性来说，人的一生不断运用感官、神经和大脑进行信息的接收、处理和传输，人是数据和信息的处理器，人的独特之处在于拥有处理数据和信息的能力。基于这种能力，人的某些生理器官与数据和信息之间进行着生理性的交换活动。从人的社会属性来说，人具有“信息性”，人与人之间的社会关系依存于具体的信息交流，且人要生存与发展，就必须实现自身的信息化，因为只有遵循信息式的行为规范，且具备信息社会发展的素质要求，人才能获得社会身份的认同。[③] 进入智能时代，人类参与信息交互的频率越来越高，数字化生存根本上就是一种“交互式生存”，这种交互式生存已经超越了物理空间的限制，通过匿名和身体不在场实现人与人之间的“线上交互”，个人身份和特征都会在这些行为数据中显现出来。

人与数据的聚合正在成为定义人存在的基础。从现象学看来，人的本质是人在存在过程中向外显现出来的，定义了人存在的意义。显现是现象学的核心概念，所谓事物的显现就是对象用我们可以感知的方式向我们展示，也可以说是对象用我们可以把握的方式被我们把握。因此，显现是一种人参与其中的建构的显现[④]，人的显现就是在探讨人是以何种方式展示和被他人把握。显然，当下每个人正在以数据的方式展示和被他人把握，但是显现也离不开显现方式，这就必然涉及技术问题。显现技术作为一种媒介，成为人们存在的内在方式和组成部分，因此，人与技术的关系直接影响人的数据化与信息化显现。从胡塞尔的境域思想、海德格尔的“在世界中存在”到梅洛-庞蒂的“知觉是人以身体为中介对世界的感知”，技术现象学一直强调身体在场对人感知世界的重要性。然而，随着技术对人身体的形塑作用的不断增强，媒介成为人身体的延伸，数据成为人身体的表征，身体的技术化表现出身体被数据化和信息化，出现了虚拟身体和虚拟在

① 肖峰．信息技术哲学［M］．广州：华南理工大学出版社，2016：226.
② N. 维纳．人有人的用处：控制论与社会［M］．陈步，译．北京：商务印书馆，1978：81.
③ 张学浪，赖风．信息风险与“信息人”的伦理责任［J］．伦理学研究，2016（2）：82-87.
④ 肖峰．信息技术哲学［M］．广州：华南理工大学出版社，2016：314.

场，这进一步弥补了肉体在场的时空缺陷，通过不断更新技术来适应身体的功能和结构，以求达到数据与技术、身体的同构，这意味着人类被数据化显现并被数据化理解成为可能。

人在数据解析社会中的现实表征可以看作一种“社会技术”，其基本的技术路线在于用数据或者数据模型来量化和构建可以被定义、认识和理解的人的存在。当下，无论是人的物质实体还是精神意识都可以被数据量化。从物质实体的角度看，智慧城市中各种摄像头、感应器、生物信息监测设备每时每刻地收集着人们的生物信息、活动轨迹等；而在网络空间，人们的网络行为和媒介信息都可以被监测和记录。从精神意识的角度看，人们的情绪、认知等情感特征都可以被数据化和计算化。智能时代，数据化的发展路径与人脑的结构层次具有平行关系，理查德·罗格斯认为人脑的神经元、神经系统、感知系统、大脑皮层和中枢神经同个人电脑、互联网、传感器与物联网、云计算与人工智能、根服务器与全球信息系统相互对应，神经感知、数据传输、信息反馈推动人类全面进入感知、互联、智能的数据化世界，他把这称为“人成之为人”的第二次过程。① 不同于第一次过程人从自然界中分离出来，追求体力的解放和丰富的物质生活，第二次过程则是“人数合一”，通过数据化追求人与人、人与世界的自主共荣与协调。例如，读心术的发展正是通过 fMRI（功能性磁共振成像技术）把人们在神经元区域中的活动转化为可识别的数据或信息，这些数据可以直接反映人们的意识活动，形成人类精神意识的完整数据化闭环。数据化闭环记录并表征人们的思想和行为，对数据进行解析，可以改变人类的行为和预测未来。

尽管各种数据记录和表征人们的思想和行为，但这些数据的内涵完全依赖数据使用者的解释，原始数据只是对人单一维度的描述，而数据解析通过确定不同数据之间的联系，充实了人的特征。数据解析分为两步：第一，对数据进行语义性归类，即数据的编码和归类，因为在某种特征或事实的构建中，语义构建是表征构建的前提。② 换句话说，人们的特征或行为只有被解读为某种语义性实在，即把承载了内涵的数据解析并转化为信息，才能形成对这个人全面的理解。比如，在没有提出具体问题之前，个人在社交平台的信息浏览数据和评论数据只是具有无数潜在信息内涵的数据集，但当某广告主思考把部分广告信息推送给某一

① 理查德·罗格斯．数字方法［M］．成素梅，陈鹏，赵彰，译．上海：上海译文出版社，2018：3.

② 段伟文．信息文明的伦理基础［M］．上海：上海人民出版社，2020：156.

消费者是否合适时，就可以从那些数据集中挖掘出消费者的“兴趣爱好”“审美品味”“消费能力”，这个过程就是赋予数据集语义内涵的过程，消费者的相关特征和行为习惯被提取并贴上反映特定属性的标签（如消费者是否可能会对这条广告感兴趣），由此消费者就在特定的意义上被构建为具有某些语义特征的人。从知识发现的角度看，原始数据是一种介于真实世界现象与基于数据的知识发现数据之间的媒介性的存在，语义性构建的数据是在原始数据基础上的二次发现。[①] 正是对原始数据进行语义上的归类，特别是那些从独特视角出发的关于个人特征的有意义的陈述，不仅可以反映不被发现的各种关系的相关性，而且可以呈现个人全新的特征。第二，促使数据主体产生能动反应，即数据主体不仅要参与数据解析社会的构建过程，而且要通过这种构建过程进行下一步的行动。如人们使用Keep、瘦吧等健康监测类App就是在掌握自身健康数据的同时，制订健身计划，不断改善个人的生活状态。这种量化自我既是基于数据的个人特征与身份的建构，也是一种动态数据化的自我调适，体现了福柯“自我技术”的思想，人们把数据看作自我观测的镜子，促使人们不断调整和改进不良行为。总之，人以信息化在场的存在方式，通过量化自我记录和解析个人数据，不仅能更好地优化自己的生活，而且可以为公共决策、信息传播、商业消费等提供数据依据。

二、液态监控与社会的深度数据化

数据应用在社会中是社会深度数据化的重要表现，数据成为理解社会实践的语境和基础。近年来，基于数据的物联网、身联网、数字经济、数字城市、数字政府等把智能社会的方方面面关联在了一起，这使社会的深度数据化在物质现实和意识形态方面都表现突出。

第一，社会的“数据外貌”呈现。社会的深度数据化是建立在现实世界与数据世界紧密联系的基础上的，一方面现实世界被各种智能设备进行数据化记录和表征，另一方面这些数据在被计算和解析之后会输出新的信息，形成关于社会发展的新的知识。美国物理学家约翰·惠勒认为“万物源自比特”，在他看来，

① 段伟文．大数据知识发现的本体论追问［J］．哲学研究，2015（11）：114-119.

现实世界中的每一个事物都有一种非物质的来源和解释，这种非物质在当下就是数据。[①] 如果畅想更久远的元宇宙时空，无处不在的智能感应设备会将现实世界和数据世界的界限变得愈加模糊，实现基于数据解析的万物互联和意义互联，即所有关于人和物的数据会自动生成，经过数据解析后在不同的语境和情境中实现意义上的理解。

第二，基于数据的知识生产更加普遍，数据赋能社会发展的作用更加突出。随着智能技术的发展，知识的获得愈加取决于人们获取、整合、解析数据的能力，由此，生物学家通过数据挖掘和数据解析洞察生命信息，社会学家通过概率模型和统计推理探究社会网络的发展动力，艺术家通过数据模拟和机器学习产生创作灵感。数据指数级的增长趋势，使数据的开放共享成为知识产生的前提，新知识在数据的互联互通中产生，数据驱动成为社会全新的知识来源。例如，2015年尼日利亚政府曾委托第三方机构开展全国供水与卫生情况的调查，在深度收集全国居民家庭、供水计划、供水点、供水基础设施等多方数据后，围绕数据的时效度、颗粒度、可访问性和互操作性等维度，生成了尼日利亚供水设施分布情况图，进而为后续供水情况的改善提供了知识图谱，为尼日利亚社会卫生事业发展创造了巨大价值。[②] 除了赋能政府治理，数据驱动还为企业降低了交易成本，创造了巨大的经济价值。2011 年，一项对美国 179 家公司的调研报告显示，采用数据驱动型决策可以使公司收益提高 5%~6%。[③] 从以上这些案例可以看出，基于数据的知识生产和政策设计正在为社会发展创造巨大的价值，为社会问题的解决提供了新的视角。

第三，数据主义社会思潮兴起。社会中出现了“唯数据论”“数据至上”的观点，人们在享受数据带来的巨大福利和价值的同时，也被数据所支配。从本体论的视角看，人们经常不知道自己的数据被谁采集，又被谁控制，不知道数据的控制者和分析者建立了哪些关于自己的数据联系以及为什么要建立这样的联系，这种技术黑箱和“控制革命”使个人隐私安全受到威胁。从认识论的视角来看，数据有时具有偏向性和局限性，就如基于个人数据和算法的信息智能推荐，有时

---

① 卢西亚诺·弗洛里迪．第四次革命［M］．王文革，译．杭州：浙江人民出版社，2016：80.

② 世界银行集团．2021 年世界发展报告：让数据创造更好生活［R］．2021.

③ Scheer Steven，Tova Cohen. “Israel Extends Coronavirus Cell Phone Surveillance by Three Weeks” Emerging Markets（Blog）［EB/OL］．［2020-05-05］．https：//www. reuters. com/article/us-health-coronavirus-israel-surveillanc/israel-extends-coronavirus-cell-phone-surveillance-by-three-weeks-idUSKBN22H11I.

会产生过滤气泡或信息茧房，容易使人思维固化。海德格尔和利奥塔从对象性的视角反思数据对人们的负面影响，提醒人们数据主义可能带来社会潜在的人文主义消退、知识的完全数据化与商品化，以及人的主体性丧失和个人异化。[①] 可以看出，数据主义追求通过数据实现对人类社会的绝对理解，这显然是一种“永远不可能实现的幻术”[②]。

在智能时代，深度数据化是数据解析社会的现实表征，从现代性统治和社会治理方式来看，数据库可以被看作一种“信息方式”，是新的社会权力的支配形式。信息社会伊始，戈弗雷和帕克希尔就预言“所有时代所有地方的所有信息都会联通在一起，这个看似不可能的理想，正在因为电脑和通信技术而让人们无限接近这个目标”[③]。目前看来，世界万物“全数入网”已经成为现实，数据提供了“所有时代所有地方的所有信息”，相较于言语和文字，数据改变了信息社会出现之前以语言或书写为主导的社会表征方式。马克斯·韦伯指出，科层组织构成了工具理性，语言或书写成为一种行使权力的工具。[④] 数据使这种权力支配方式发生了转变，今天的各种“数据闭环”和无数的数据库构成了边沁口中的“全景监狱”，权力的行使从亲自在场或暴力实施，转变为通过数据监视和行为调适的方式实施。在“全景监狱”中，中心瞭望塔上的监控者可以看到每一个囚室的情况，被监控者处于一种被观看的情境，由于被监控者看不到塔台里的人，不管监控者在不在场，被监控者都认为其在场，被监控者为了免受肉体折磨约束了自己的行为。在福柯看来，“全景监狱”是一个完美的规训机构，它依赖中心化的建筑机制，巧妙地行使了一种匿名权力。数据解析社会可以看作一个没有塔楼和狱卒的“全景监狱”，凭借数据的“液态监控”而突破了物理空间的限制，以润物细无声的方式，使“权力以电子信号的速度流动”[⑤]。

在鲍曼和里昂看来，液态监控运用的是一种以柔克刚的手段，通过流动性打造出更具柔韧度的数据网络，以数据的形式将所有人裹挟其中，基于流动数据的

---

① 安德鲁·芬伯格．技术批判理论［M］．韩连庆，曹观法，译．北京：北京大学出版社，2005：147.

② 段伟文．信息文明的伦理基础［M］．上海：上海人民出版社，2020：16.

③ Godfrey D，Parkhill D. Gutenberg Two（1979）［M］. Toronto：Porcepic，1980：1.

④ 马克·波斯特．信息方式：后结构主义与社会语境［M］．范静哗，译．北京：商务印书馆，2020：125.

⑤ 陈榕．流动的现代性中的后全景敞视结构——论《液态监控：谈话录》［J］．外国文学，2015（3）：145-156，160.

监控权力的行使隐蔽性更高、覆盖面更广、效率更高。[①] 当下，人们一切的信息都被纳入数据解析社会的数据流通过程中，人类成为了一个“人形超链接”，相关机构或部门根据数据来构建和定义人。同时，液态监控是一种去中心化的、参与式的监控。一方面，监控已经嵌入社会生活的各个场景之中，监控的目的不再只是福柯认为的规训与惩罚，而是以“中立的技术为名实施操纵”[②]，实现信息利用中对数据的解析，正如里昂所说“人类对安全和秩序的需要导致了对监控的需要”[③]。另一方面，全民都在把自己构建为液态监控中规范化监视的主体，数据库是对个体的“增值”，是一个额外自我的构建。[④] 随着社交媒体的发展，很多人愿意提高自己在网络中的“可见度”，尽管这种可见度是以对个人生活的全面监控为代价的，但人们还是愿意把自己嵌入这样的液态监控网络中，找到属于自己的身份，主动制造（Making）自己，而不是成为（Becoming）自己。[⑤]

深度数据化和液态监控已经深入人类社会生活的方方面面，随之而来的伦理问题也引起了人们的关注。个人数据一旦被采集并录入数据库，就存在数据被谁利用、如何利用的问题，面临着道德中立化（Adiaphorization）的伦理挑战。从本体论的视角来看，保障数据主体的权利至关重要，利奥塔认为应“让公众可以自由地进入个人数据库和资料库”[⑥]，始终保证人类的主体能动性，这大概就是数据解析社会中伦理困境的破局之道。

三、数据解析社会的伦理纽带：数据权利

人与数据的关系是数据解析社会的核心议题，当下诸多信息伦理问题正在威胁着人们的安全，导致人与数据关系的破裂、人的主体性和自由的丧失。人们被

---

①⑤ 陈榕．流动的现代性中的后全景敞视结构——论《液态监控：谈话录》［J］．外国文学，2015（3）：145-156，160.

② 董晨宇，丁依然．社交媒介中的“液态监视”与隐私让渡［J］．新闻与写作，2019（4）：51-56.

③ Lyon D. Surveillance Studies：An Overview［M］. Cambridge：Polity，2007：15.

④ 马克·波斯特．信息方式：后结构主义与社会语境［M］．范静哗，译．北京：商务印书馆，2020：138.

⑥ Lyotard J-F. The Postmodern Condition：A Report on Knowledge［M］. Minneapolis：University of Minnesota Press，1984：67.

包围在海德格尔所称的数字“技术座架”中，生活在被数据“殖民化的生活世界”，有意或无意地接受着数字“技术命令”，成为一个“单向度的人”，数据主义带给人们的异化常常与数据产生的价值相伴而生，建立人与数据的自由关系，保证数据的安全并保护数据持有者的自主性，既能在信息利用中充分揭示知识权力结构负载的数据价值，又能减少液态监控及深度数据化对数据主体权益的过度侵害，这正是信息伦理的价值追求。

数据既是数据解析社会中的资源，也是联结虚实世界和人们建构自我的关键，由此产生了一系列与数据流动和利用相关的权利，我们可以将其看作数据权利。信息实践中关于数据的伦理是一种从权利出发的现代性伦理，把数据权利视为数据解析社会伦理关系建构的纽带具有以下三个方面的原因：

第一，从数据主义造成的伦理问题来看，数据权利是重建人与数据自由关系并解决伦理问题的基础。数据主义追求数据至上，掌握大量数据的机构正在成为数据解析社会的权力中心，对于这些数据机构而言，数据是透明的，是可解析的，但对于数据的被采集对象而言，他们并不知道自己数据的去向以及用途，数据权力和数据权利之间存在失衡现象，这种失衡不可避免会造成“数据巨机器”。刘易斯·芒福德指出，“巨机器”是现代技术尤其是单一技术造成的一种高度权力化现象，人在“数据巨机器”之中就犹如在“楚门的世界”，只能服从机械的数据律令，不能做自己。[①] 为了避免巨机器的负面效应，芒福德指出“人类若想获得救赎，就需要以有机生命世界观代替机械论的世界观，把那些赋予机器和技术的最高地位赋予人”[②]，为此，应该重建人在数据解析社会中的地位，确保主体的数据权利，建构人与数据的自由关系。

第二，从信息伦理所要求的对象来看，以数据权利为中心的信息伦理可以兼顾内律与外诉，通过正当的分配权利来制约权力。现代性伦理分为内律型伦理和外诉型伦理。内律型伦理主张行为者自身具有德性，行为者通过抑制内心的恶来减少不正当需求。显然，面对隐私侵犯、数据泄露等问题，仅依靠自我德性规约并不能解决问题，而外诉型伦理主张抵制外在权力机构对自我应有权利的侵犯。外诉型伦理既可以以自由主义为伦理假设，也可以从功利主义角度考量问题，但

---

① 李伦．“楚门效应”：数据巨机器的“意识形态”——数据主义与基于权利的数据伦理［J］．探索与争鸣，2018（5）：29-31.

② Mumford L. The Myth of the Machine：The Pentagon of Power［M］. New York：Harcourt Brace Jovanovich，1970：413.

现有研究表明，自由主义强调个人权利至高无上的优先性，绝对的自由主义很难成为制衡权力的伦理基础；而功利主义将利害相关人的幸福作为伦理判断标准，会在社会利益与个人利益发生冲突时引发多种不可解决的悖论。① 因此，在权利分配中兼顾数据价值，实现数据权利和数据权力的平衡变得尤为重要，罗尔斯的“无知之幕”设想或许可以成为一种保证权利分配实现“公平的正义”的方法。“无知之幕”强调：“当个人不知道自己在权力机构中所处的地位如何时，由于不能排除自己处在最不利的地位，因此要在行动中努力地确保最不利地位的人的权利。”② “无知之幕”提供了一种具有主体间性的伦理主张，在对数据被如何采集和解析利用一无所知的情况下，兼顾个人权利与公共理性，以权利的正当行使实现对权力运作的制约和规范。比如，在对个人数据进行采集时设置“知情同意”环节，这包含着权力主体与权利主体的沟通协商过程，用户在知悉个人可能会享有的权利和面临的风险的前提下，做出个人数据是否让渡的决策，一旦权力主体对数据的处置过了界，就会面临相应的法律和伦理处置。

第三，从权利本身来看，数据权利包含着数据解析社会中人们对安全、尊严和平等的伦理追求。数据权利不仅保护个人数据本身的安全，而且保护与个人数据相关的核心利益安全。比如，个人数据的任意收集可能带来财产风险，如电信诈骗，数据权利可保护人们免受这些风险的伤害。数据权利对于人的尊严有重要意义，它是人们进入数字网络空间并参与数据解析社会自我建构过程的基础，人们基于数字基础设施获得知识，同时拥有了数字化生存的主体性。这种主体性体现在数据权利可以在一定程度上为现代社会提供庇护，当公民具有合理的数据隐私空间时，他们就可以免受商业、政治、同龄人的即时性压力，能够更审慎地思考问题和规划未来。③ 数据权利还具有平等的价值理念，正如路易斯·亨金所说“我们的时代是权利的时代”④，它保证着每个人在数据解析社会中的发展权，尽管 21 世纪初提出的“数字鸿沟”问题依然存在，但数据权利对于保护个体尤其是弱势群体在网络空间中的利益而言意义重大。

因此，随着数据成为一种与人的定义和存在形态密切相关的资源，合理地利

---

① 段伟文．网络空间的伦理反思［M］．南京：江苏人民出版社，2002：100.

② 约翰·罗尔斯．正义论［M］．何怀宏，何包钢，廖申白，译．北京：中国社会科学出版社，2009：292.

③ 丁晓东．论“数字人权”的新型权利特征［J］．法律科学（西北政法大学学报），2022，40（6）：52-66.

④ 路易斯·亨金．权利的时代［M］．信春鹰，吴玉章，李林，译．北京：知识出版社，1997：18.

用数据的权利成为数据解析社会重要的权利形式，我们可以把其称为数据权利。而以数据权利为核心的伦理要解决当下的现实问题，需兼顾内律与外诉，致力于通过权利的正当行使来制约数据权力运作，减少基于数据的知识权力结构对主体权利造成的侵犯，具有安全、尊严和平等的道德理念。

权利来源于一定的社会规则，受到契约的限制，但权利又不断超越契约，是理想和历史条件的折中，其基本内涵会随着人类社会境遇的变化而动态发展。[①] 数据权利是人类进入信息时代后的产物，并随着数据解析社会的深入发展而动态变化。数据权利是一种新型的现代权利，具有人格权、财产权的属性，同时由于涉及多元主体和多样权利，关系国家安全，因此数据权利也和国家主权紧密关联。数据权利是人格权，因为它可以有效保护人的尊严，这既源于公民有处置个人数据的“信息自决权”，也源于个人数据已经成为量化自我和定义自我的方式，对姓名权、隐私权、名誉权等权利的合理保护都属于人格尊严保护的重要内容。数据权利是财产权，数据具有经济价值且可以进行商业交换，具备了经济利益特性。数据权利也关涉国家主权，各个领域和主体的相关数据汇聚在一起，成为影响国家安全和未来发展的重要资源，《中华人民共和国网络安全法》规定“重要数据应当在境内存储”，就表明了数据关涉国家利益的重要性。显然，数据权利已经不是某个人独有的权利，其还影响着社会和国家，关乎社会的利益分配和国家主权安全。在一般的社会形态中，社会中的公权力往往为权利行使提供保障，但在数据解析社会中公权力有时还存在一种合法“共享”我们权利的功能。因此，尽管权利自启蒙运动以来就成为现代伦理形成的基础，也是在信息利用实践中建构数据伦理的基石[②]，然而在数据伦理内部存在一种兼具事实性与有效性的价值体系与行为规范，行使数据权利时需要考虑个人和社会、工具理性和价值理性之间的平衡，最终形成具有先后次序的数据伦理规范，建立稳定的数据权利秩序，这是建构信息伦理的关键节点。

---

① 段伟文．网络空间的伦理反思［M］．南京：江苏人民出版社，2002：120.

② 吴瑾菁，陈颉．大数据时代信息伦理的挑战与反思——以马克思主义权利观为视角［J］．河海大学学报（哲学社会科学版），2022，24（2）：22-29，109-110.

第八章　智能时代信息秩序建设的伦理机制

机制，是使研究对象产生规律性变化，决定研究对象存在状态的作用原理和作用过程。[①] 结构和机制是一个问题的两个方面，前文分析了信息伦理的结构要素和关系，这些结构要素和关系决定了信息伦理的机制。在智能时代，算法、媒介和数据等非人存在物将信息伦理主体的道德边界从人类扩展到了整个信息实体。只要是信息实体，不论其形态、地位和结构，都具有道德价值和伦理属性。正因如此，信息伦理机制不仅包含信息伦理主体应该遵守的内在伦理原则，而且包括人类在信息活动中共同遵循和倡导的外在伦理机制。换言之，信息秩序建设的伦理机制是信息伦理在信息秩序建设中充分发挥道德作用，从最低的限度来看，其可有效缓解人类信息秩序建设进程中伦理与技术之间的张力；从更高的限度来看，其是信息文明发展的伦理判据与伦理指南，是信息实体与伦理联动的顶层逻辑。

一、信息秩序建设中的伦理机制

智能时代无时无刻都存在信息伦理失范现象，信息秩序的紊乱正威胁着人们的数字化生存。秩序是社会存在与人类生活的基础，信息秩序是人们在信息活动中形成的一种相对稳定的结果和状态，它是智能时代信息圈被高度规范化的表征，涉及信息技术的可控、数据权利的保护、媒介责任的坚守和信息系统的稳定。

---

① 张琼，马尽举．道德接受论［M］．北京：中国社会科学出版社，1995：139.

（一）信息秩序的研究现状

秩序是指事物条理清晰、有序稳定的状态，反映出事物的自然条理性和社会规范性。信息秩序关注的是信息活动中人们基于对信息传播规律的认识所形成的关系模式、结构和状态。信息秩序具有丰富内涵，除了新闻传播学，其研究还涉及哲学、法学、社会学等学科，不同学科从不同视角分析了信息秩序的概念内涵、结构框架和建构路径。分析现有相关中外文献，发现信息秩序的研究主要集中在以下三个方面：

一是从传播媒介的视角分析当下信息秩序的时代特征。每一次技术革命都增强了人类通过新媒介感知世界和联结世界的能力，有不少学者认为媒介技术是影响和改变信息秩序的首要因素。高金萍从媒介技术的视角分析了全球信息传播秩序中心的三次转移，第一次是蒸汽与电力时代，自由主义新闻理论构建了全球信息传播的主导范式，约翰·弥尔顿的出版自由思想和托马斯·杰弗逊的言论自由思想都是在这一时期提出的；第二次是在第三次工业革命后，美国发射全球首颗通信卫星、进行首次电视转播并连入互联网，凭借其传播技术的优势主导着国际舆论方向，引领着全球信息传播秩序；第三次是 2013 年以来，大数据、物联网、人工智能等技术驱动人类进入智能时代，带来信息秩序中心新的转移，即脱离以欧美为中心的单极或单一中心态势，呈现多中心多主体的传播格局。① 廖祥忠指出，从有声语言、文字语言到影视语言的发展塑造了人类文明多元共生的形态、构筑了文明传播的区域体系、孕育了工业时代的文化秩序，而视频语言的崛起正在开辟信息时代的开放格局并将再造国际传播秩序，他认为基于智能 VR 的发展，人类将回归全感官的传播场景，在虚拟与现实同构的环境中超越时空藩篱和文化差异，创造一个视频天下的信息新秩序。② 任孟山和陈强则把平台化媒体作为信息传播技术的最新表现形式、国际传播新的主要媒介，他们认为平台化媒体是信息传播格局变动的新动因，其直接影响主权国家的信息传播发展战略，但同时信息秩序的变动也需考量国际关系格局的演进。③ 田赞基于社交媒体格局的变

---

① 高金萍．元宇宙与全球传播秩序的重构［J］．学术界，2022（2）：80-87.

② 廖祥忠．视频天下：语言革命与国际传播秩序再造［J］．现代传播（中国传媒大学学报），2022，44（1）：1-8.

③ 任孟山，陈强．国际传播格局变迁的新动因研究：基于信息传播新技术的平台化媒体［J］．中国新闻传播研究，2021（5）：20-31.

迁洞察全球信息秩序，指出当前美国正通过社交媒体平台掌控国际社交媒体传播的信息控制权，并利用社交媒体平台干预各国信息传播主权；视频是打破原有信息秩序的重要媒介力量，TikTok 的快速发展有望改善国际话语权失衡和信息鸿沟加深的现状。① 从传播媒介的视角研究信息秩序，核心是从技术发展逻辑出发，认为媒介是人的延伸，就信息秩序而言，无论是视频化、智能化还是平台化的新媒介秩序，都已成为智能时代信息秩序的延伸。

二是从权力格局的视角洞察世界信息传播秩序的时代变迁。在过去的 300 年里，全球权力在东西方、南北方世界之间发生着微妙的变化，全球信息传播秩序亦同步变迁和重建。张磊聚焦全球信息传播秩序变化的四个重要时间点：1776 年，“天下”体系的衰落和民族国家体系的兴起；1870 年，通讯社联环同盟成立和全球信息殖民地的瓜分；1946 年，美苏冷战开启考察铁幕下形成的传播帝国主义；1980 年，“麦克布莱德报告”反思全球传播新秩序的未竟事业。② 赵月枝关注的是 21 世纪以来，信息秩序随权力格局变化出现的新挑战，其中新自由主义和消费主义的思潮甚嚣尘上，引起部分民众对“帝国传播体系”的反抗，基于信息秩序中多元抗争力量的出现，她总结出当下信息秩序建设的四个主要参与者，分别是资本、民族国家、超国家机构和非政府组织与机构。③ 世界信息秩序的建设不限于国家与国家之间，重构新时期信息传播的新秩序只靠民族国家之间的政治博弈是远远不够的。为此，罗昕指出世界信息传播新秩序的构建已经从两极化传播时代的公民权利导向、国际化传播时代的国家主权导向过渡到当下全球化传播时代的多元主体导向。他认为虚拟世界的信息秩序是信息秩序的关键落点，在此背景下的互联网治理是新时代的关键命题，并建议要在联合国框架内，携手构建全球网络空间命运共同体，建立多边、民主、透明的全球互联网治理体系。④ 国外一些学者也关注了政治力量博弈在信息秩序构建中的作用和影响，较具代表性的是芬兰学者卡拉·诺顿斯登反思了 20 世纪 70 年代的世界信息与传播新秩序运动（NWICO），指出苏联和东欧社会主义阵营的挫败直接让其失去了在

① 田赞．社交媒体格局变迁下的国际传播秩序研究［D］．西安：西北大学，2021.

② 张磊．走向人类命运共同体：历史视角下的全球传播秩序变迁与重建［J］．国际传播，2019（2）：1-9.

③ 赵月枝．专题研究·“传播与全球权力转移”［J］．现代传播（中国传媒大学学报），2013，35（6）：58.

④ 罗昕．世界信息传播新秩序建构的脉络变迁与中国进路［J］．内蒙古社会科学（汉文版），2019，40（1）：160-166，189.

全球信息秩序构建中的话语权，进一步说明全球政治经济脉络直接左右了信息秩序和文化传播的走向，而新秩序的实质是“信息领域国际关系体系的民主化”。①美国学者丹·席勒基于NWICO运动失利的影响指出，当今互联网的关键资源和技术标准都掌握在美国政府机构及其合作者手中，这加剧了全球信息秩序中的不平等，预示着全球斗争还会继续。② 从权力格局的视角研究信息秩序，凸显出信息秩序的政治意义和公共性价值，而从全球化出发建立信息秩序是个既迫切又复杂的问题，需要研究者具有整体性思维和全球眼光。

三是从社会治理的视角分析信息秩序建设中存在的问题及信息秩序建设的路径。信息秩序建设不会一蹴而就，因为它是特定时空情境中社会建构的产物，需要规则的保障。冯建华认为，中国网络信息秩序观念演变的总体趋向是从“硬安全”向“软安全”转化、从严格秩序意义上的“内容管理”向泛秩序意义上的“生态治理”转变，当下我国网络空间的信息秩序虽然已经被纳入社会治理行动中，但学术研究领域尚未对此进行充分的回应和关照，导致相关理论滞后于实践。同时，他强调无论对内还是对外，信息秩序建构都势在必行，因为只有自己具备了秩序建构能力才能谈秩序规则。③ 方兴东、谷潇和徐忠良立足于新冠疫情，分析了信息疫情的根源、规律和治理对策，认为以全民性社交媒体为基础的自下而上的大集市模式已经成为当今社会信息传播秩序中的主导性力量，信息疫情的本质就是新技术背景下社会信息传播的无序和失控，是民众、媒体、国家与国际社会整体对新形势不适应的集中、剧烈的爆发。④ 国外学者对信息秩序的认知经历了从网络自治到将其视作国家战略重要组成部分的转变，Wrenn认为，网络空间已经超越了国家界限，信息在网络中的流动不应受到限制和打压，建议网络空间采用自治模式，以实现信息秩序的自由和谐。⑤ 随着对网络空间认知程度的加深，更多国外学者认为信息秩序与国家主权密不可分，把信息秩序视为国家

① 卡拉·诺顿斯登．世界信息与传播新秩序的教训［J］．徐培喜，译．现代传播（中国传媒大学学报），2013，35（6）：64-68.

② 丹·席勒．资本与国家：因特网的政治经济学［J］．张磊，译．现代传播（中国传媒大学学报），2013，35（6）：59-63.

③ 冯建华．中国网络秩序观念的生成逻辑与意涵演变［J］．南京社会科学，2020（11）.

④ 方兴东，谷潇，徐忠良．“信疫”（Infodemic）的根源、规律及治理对策——新技术背景下国际信息传播秩序的失控与重建［J］．新闻与写作，2020（6）：35-44.

⑤ Wrenn G J. Cyberspace is Real，National Borders are Fiction：The Protection of Expressive Rights Onli-nethrough Recognition of National Borders in Cyberspace［J］. Stanford Journal of International Law，2002（5）：97-107.

的重要战略。Libicki 指出网络空间有别于现实空间，它并非自然形成，需要人为干预和规范，主权国家应该制定自己的信息秩序准则，未来全球更需要一个共享共通的信息秩序环境。① 从社会治理的视角研究信息秩序，学者多是从具体情境中的具体问题出发，目的是通过建立有序的规则，实现互联网生态的善治目标。

近年来，信息秩序的研究热度不减，涉及学科广泛，尤其是互联网兴起后，国内外学者更多转向网络空间信息秩序的研究。随着新技术更新迭代速度的加快和媒介环境学的兴起，近年来从媒介技术视角出发研究信息秩序的国内外文献增多，但这些文献聚焦新时期信息秩序的特征描述和问题呈现，缺少从媒介本体和伦理价值的层面深入探讨信息秩序建构的深层逻辑。由把信息秩序和社会治理结合在一起的研究可以看出，建设良好的国内外信息秩序上承国家政策，下启社会治理，但信息秩序和社会治理之间的互动关系和逻辑结构究竟是什么值得进一步深入探讨。

（二）信息伦理与信息秩序的关联研究

信息秩序的构建是我国社会主义精神文明建设的重要内容，其既是一个实践问题，也是一个理论问题，而信息伦理作为与信息行为主体、信息技术、社会道德发展密切相关的伦理学分支，亦需要解决信息活动实践中提出的问题。从信息伦理的视角构建信息秩序，目前学术界认为有两种路径：一种是微观视角，从信息活动中的伦理问题出发，通过解决现实问题，构建和谐的信息秩序；另一种是从信息伦理的功能和原则出发，在宏观层面为信息秩序建设提供价值指导。

从信息活动中的伦理问题出发，学者主要关注信息活动中的道德行为失范、道德观念紊乱、道德关系错位等。徐圣龙从隐私的视角对信息活动中的伦理问题进行探究，认为隐私权利的内涵确证与边界界定在当下的信息活动中至关重要，要区分信息是“公共的”还是“存在于公共空间的”，制定适应信息时代特点的伦理治理体系。② 陈昌凤和虞鑫从技术基础、媒介语境、信息价值观三个角度对智能时代信息价值观研究的技术属性、媒介语境与价值范畴进行分析，指出智能技术运用于信息传播，存在工具理性总体扩张但价值理性保有空间这一矛盾，构

① Libicki M. The Nature of Strategic Instability in Cyberspace [J]. The Brown Journal of World Affairs, 2011 (10): 72.

② 徐圣龙．“公共的”与“存在于公共空间的”——大数据的伦理进路［J］．哲学动态，2019 (8): 86-94.

成了信息价值观研究的逻辑基础。① 宫承波和王玉凤指出，信息行为主体在信息技术的使用中面临被异化的风险，这种异化包括信息生产主体的异化和信息消费主体的异化，人们沦为“信息容器”，丧失人的主体性。② 整体来看，学者通过具体问题具体分析，以小见大，为信息秩序的生态和谐献言献策。

从信息伦理的功能和原则出发，国内外学者基本认同通过伦理赋能信息秩序的建构，提出了不少信息秩序建设中应遵循的伦理原则。董运生认为，信息秩序离不开网络共同体的形成与网络公共性的建构，坚持将公共性作为核心伦理原则。③ 崔保国和孙平指出，当前网络空间信息秩序存在两种规则，即“主权先占”和“人类共同财产”，其中人类共同财产即命运共同体的伦理原则是更符合中国的伦理选择。④ 邵鹏认为，当下的全球传播是信息化和无中心的网状传播，更应该追求自由、平等的传播观念，在人类命运共同体的视域下建构伦理理念。⑤ 从这些研究成果可以看出，学者提出的信息伦理原则都较为宏观，更多的是一种展望与倡议，缺少系统性的论证，这也增加了信息秩序的不确定性。

由现有文献可以看出，绝大多数信息伦理原则的提出遵循应用伦理学的原则主义方法，且这些原则多是对信息活动中道德观点的归纳或是依据简单的例子而形成的伦理框架，仅起到“标签”作用，局限性非常突出：一方面，许多抽象的信息伦理原则缺乏清晰而具体的实践情境，导致这些信息伦理原则落地实践的难度较大；另一方面，信息伦理原则涉及的多种要素之间缺乏协调性，造成不同价值导向伦理原则之间对抗与冲突。

整体而言，我国有关信息伦理与信息秩序建设的关联研究刚刚起步，对信息活动领域的伦理规制还在不断探索中，尚未形成成熟的信息秩序。虽然部分学者针对具体的信息伦理问题提出了解决方案，但很少详细论证相关伦理原则的合法性和合理性，对中西信息伦理原则解决中国问题的适应并也论述不多，有必要进一步挖掘智能时代的信息伦理原则并探索建设信息秩序的成熟框架。同时，信息

① 陈昌凤，虞鑫．智能时代的信息价值观研究：技术属性、媒介语境与价值范畴［J］．编辑之友，2019（6）：5-12.

② 宫承波，王玉凤．主体性异化与反异化视角的智能传播伦理困境及突围［J］．当代传播，2020（6）：79-81.

③ 董运生．网络秩序的建构：共同体与公共性［J］．中共中央党校学报，2015，19（4）：39-43.

④ 崔保国，孙平．从世界信息与传播旧格局到网络空间新秩序［J］．当代传播，2015（6）：7-10.

⑤ 邵鹏．人类命运共同体：全球传播新秩序的中国方向［J］．浙江工业大学学报（社会科学版），2019，18（1）：94-100.

伦理和信息秩序二者之间的关系并不单是伦理赋能秩序建设，而应该是双向的，信息秩序的变化会反向促进信息伦理的调试与改变。因此，仍有必要探讨信息伦理和信息秩序相互勾连的路径逻辑，在合法化的框架内讨论二者之间的协调互动。

信息伦理在信息秩序建设中发挥着重要作用。前文从现象和本体结构入手对信息伦理进行了考察，从现象来看，信息伦理是一种关系；从结构来看，信息伦理是一种实体。作为现象，信息伦理既是贯穿技术发展过程的、普遍的，也是智能时代具体情境中的、非普遍的。但作为实体，信息伦理的结构是复杂的，它表征了人类在智能时代的数字化生存方式、状态和应该遵循的道德准则，所以，信息伦理既是“关系”的生成运动，也是“实体”的建构、演化与完善。信息伦理如此丰富的本体内涵为信息秩序建设提供了认知基础和实践进路。正如伦理学的使命一样，“以其爱智的哲思寻求人类的共生之道”①，Floridi 将信息伦理视为信息秩序建设中“道德成为可能的条件”②，认为信息伦理是信息秩序中道德促成的框架，其功能为促成善或阻碍恶。信息秩序建设离不开道德层面的“辅助”，没有被道德接受和伦理认可的社会制度、政策、措施，在人们心中就不具有道义性。信息伦理可以帮助人们对信息活动的善恶作出判断，以信息伦理机制来促进信息秩序的完善，以道德上的变革来完善智能时代的社会变革。

信息伦理机制分为内在伦理机制和外在伦理机制，内在伦理机制是信息伦理主体的内在运行机制，是信息伦理主体应该遵循的伦理原则；外在伦理机制是社会层面保障内在伦理机制实现的策略和方法。需要特别指出的是，信息伦理机制是一个不可分割的有机整体，本章将内在伦理机制分为技术、媒介和数据三个层面。一方面是基于现象学材料和信息伦理结构要素的归纳分析；另一方面是尝试从不同视角揭示信息伦理机制在信息秩序中的状态，尽管存在重复研究同一机制的现象，但本章研究的侧重点有所不同。

由于信息伦理机制的运作与信息秩序建设是相辅相成的，信息伦理机制是信息秩序建设的必然性要求，与此同时，信息伦理活动来源于、依赖于人类现实生活需求。因此，信息伦理内部机制和外部机制既相互联系，又彼此独立，对于信息秩序建设而言，联系是结构和功能上的联系，而独立只是研究视角层面的独立。

---

① 邓安庆．现代政治伦理与规范秩序的重建［M］．上海：上海教育出版社，2016：1.

② Floridi L. Infraethicson the Conditions of Possibility of Morality［J］. Philosophy & Technology，2017，30：391-394.

二、信息伦理原则在信息秩序建设中的嵌入

信息秩序建设是一个复杂的过程，需要发挥信息伦理内部机制的作用。信息伦理的内部机制是信息伦理结构中各信息伦理主体应该遵循的伦理原则，本部分主要从数据、媒介和技术三个层面，基于信息伦理的结构要素和信息伦理失范现实，分别提出适应智能时代信息秩序的伦理原则。

（一）遗忘美德与确定数据存储期限

韦伯在《新教伦理与资本主义精神》中把理性主义和理性化塑造的官僚化、等级化的社会隐喻为“铁笼”，人们不断寻求挣脱铁笼束缚的方法。当下，人们被外化成各种数据，基于数据解析的社会形态正在成为社会发展的主要样态，数据化生存状态带给人们量化、记录、解析自我的可能，不过人们经常无法掌握这些源自自身的数据，其反而受到多个外部主体的控制，那么我们是否正生活在“数笼”之中呢？目前人们对“数笼”状态的担忧主要表现在空间和时间两个层面：在空间层面，人们正面临失去信息控制权的危险，无论是隐私侵犯还是名誉受损，主要原因都在于数据主体失去了对个人数据的掌控，表现为一系列数据权利没有得到保障。在时间层面，数据解析社会中人们习惯以数据化思维理解世间百态，数据主义正在影响和改变人们的思维能力、决策能力甚至应变能力，“异化”“物化”等问题威胁着人类的自由。在人类数据化生存和社会深度数据化的背景下，信息伦理既要保护数据权利和坚持数据“正义”，保障数据被合理、合法、合情地控制与使用，又要在新的社会形态和生存环境下审视人的本质以及人与数据的关系，实现让人类生活更美好的愿景。

数据化生存的本质是人类及其生活的场景被数据化，数据不断调节和塑造人们的行为。数据的问题是记忆的问题，记忆与遗忘的斗争构成了信息伦理中数据存在的核心矛盾。一方面，数据解析社会的基础就是让记忆成为常态，毋庸置疑记忆是一种美德，技术突破了人类的认知极限，人类处在液态监控之中，所有关于个人的数据都被记录保存成了一种数据化记忆，基于这些记忆才有了进一步的数据解析，才实现了量化自我。另一方面，当人们拥有了“数字足迹”“数字皮

肤”，便拥有了数字人生，无论你愿意还是不愿意，互联网都会帮你保存这些数据化记忆，当遗忘变成例外、记忆成为常态，数据化记忆在赋能个人发展与社会发展的同时，也让人们失去了一项能力——坚定地生活在当下的能力。[①] 隐私泄露、名誉侵犯都表明个人的数据化记忆不再独属于自己，个人失去了阐释和控制数据化记忆的能力；根据数据化记忆生成的数字身份可以被拼接和改造，被“数据画像”刻画的个体具有被记忆的天然优势，但也容易给他人留下刻板印象，存在认知盲区，而没有数据化记忆的个体成为被数字世界抛弃的“余数生命”；数据权归属不清的背后是数据应该被如何取舍的问题，换言之就是数据应该被谁记忆，又应该被谁遗忘的问题。相关信息伦理问题的解决需要确定数据的存储期限，现实中多个主体都可以控制数据化记忆，要做的是从技术和制度上明确多元主体的数据存储期限，使其无法永远拥有和管理这些数据。在伦理层面，破解数据伦理困境需要让“遗忘”回归常态，遗忘意味着数据本身是可以删除的，数据的删除是符合规律且合乎善的。

在数据解析社会，“遗忘”符合道德伦理的期望。舍恩伯格指出，遗忘在数字时代是一种美德[②]，这为我们从遗忘的视角建构信息伦理提供了可能。首先，在互联网和信息技术飞速发展之前，人们习惯强调记忆是美德、遗忘是恶德，但现在“遗忘”包含着越来越多的向善之意。作为人类认知的能力，遗忘是对曾经记忆的消除，这些记忆有好有坏，其中有一种是对过时信息的遗忘，不以老旧负面信息来评判他人，而是用发展的眼光给予自我和他人修正和发展的机会，这样的遗忘更像是一种宽恕，展现生命通达的高度。遗忘在某种程度上还可以给人带来心灵解脱，当人们对数据评价过于看重的时候，便会形成某种执念，产生人的异化，这时的遗忘不仅是适当放下，也是自我救赎。在某些情境中，遗忘因为具有调整自我进而追求美好生活的目的，所以便有了道德向善的属性。智能时代数据化记忆可以被轻而易举地提取，带来了隐私侵犯和权利越界的风险，而遗忘包含着宽恕、救赎和尊重的道德价值，所谓“善是一，恶则是多”[③]，在过度和不及之间、在永久记忆和没有记忆之间的遗忘成为美德。其次，“遗忘美德观”

① 维克托·迈尔-舍恩伯格．删除：大数据取舍之道［M］．袁杰，译．杭州：浙江人民出版社，2013：19.

② 维克托·迈尔-舍恩伯格．删除：大数据取舍之道［M］．袁杰，译．杭州：浙江人民出版社，2013：48.

③ 北京师范大学伦理学与道德教育研究所．伦理学经典著作选读［M］．北京：北京师范大学出版社，2010：315.

既包括人们基于物理身体的本能的遗忘，也包括数据化生存中技术身体的遗忘。智能技术的发展增强了人类的记忆能力，记忆已经嵌入技术身体之中，并且发挥着超越物理身体的记忆的作用。当下存储数据化记忆的数据库并不具有遗忘的本能，所以需要对数据库进行伦理和法律规制，比如把遗忘置于“合乎伦理”的技术研发中，但技术可能带来的异化、黑箱等问题成为实现技术遗忘的难点。另外，遗忘体现着休闲哲学的意涵，是克服数据主义以及数据异化，让人类生活回归本质的路径。休闲并非通俗意义上的吃喝玩乐等人生享受，而是沉浸于信息实践或劳动过程中，享受由此激发而来的价值，休闲具有“教养”的含义。智能时代人们习惯于通过互联网、自媒体来休闲放松，这些休闲和数据化相伴而行，也同步改变着人们遗忘的方式。在各种具有数据挖掘、数据解析能力的智能机器赋智于人类之际，人类的记忆正在从生物遗传记忆向数据工业化的“第三记忆”转变，数据化下的“超时空记忆”让人们形成了基于数据化系统的生活模式和记忆模式①，此情境下产生的数据伦理问题正是记忆和遗忘被智能技术所异化的状态的表现。为了摆脱技术和数据异化对数据化记忆的操控，让生活回归本真，人们需要追求休闲式的自我成长，这是记忆和遗忘道德的本能性回归。因此，遗忘是一种道德向善的、符合人性的品质，以遗忘为基础的信息伦理的建构具有伦理层面的合法性。

数据解析社会中，“遗忘”是解决与数据相关的伦理问题的合理实践。舍恩伯格提出了“存储期限”的概念，“存储期限”的确定并不依据数据有用或无用这样二元化的选项，而是依据对数据保留一段时间而非永久保存的原则，其核心不只是借助技术手段把数据化记忆推离人们的意识，更重要的是要让人们觉察到遗忘的伦理价值和重要性。② 基于此，本部分接下来从遗忘的时间性、功能性和确证性三方面结合技术手段、法律规制与人的主观能动性来讨论数据伦理。

首先，遗忘具有时间性，总是指向过去，人们本能的遗忘多是“被动遗忘”，是生物层面自然而然发生的现象，但在智能时代遗忘从自然行为转为人工行为，数据库主体掌握着人们遗忘的时间。这引发了遗忘时间倒置的问题，即数据化记忆在具有可重复性、实时性、不在场性的智能技术的作用下，记忆的过

① 曹克亮．大数据时代记忆与遗忘的“五重观念”及遗忘的道德重建［J］．哲学分析，2022，13（2）：105-116，198.

② 维克托·迈尔-舍恩伯格．删除：大数据取舍之道［M］．袁杰，译．杭州：浙江人民出版社，2013：204.

去、现在与未来之间的界限模糊。[①] 遗忘的时间性在数据解析社会中变得复杂，数据库主体成为遗忘的主体。遗忘的成功与否依赖于用户是否可以自主界定数据存储期限，这也是确保遗忘时间性的根本。目前，欧盟《通用数据保护条例》中提出了“被遗忘权”，旨在保护数据主体在规定的期限内要求数据平台等依法删除相关数据的权利，该权利适用于数据流通全程。我国《信息安全技术　个人信息安全规范》也提出了个人信息删除要求。这些国内外法律层面的规制意味着数据已经有了“存储期限”，一旦超越时间期限，就应该被删除。

然而，结合当下现实情况，被遗忘权的伦理价值并不显著，尽管这对数据主体其他权利的行使提供了补充性保障，但它并没有充分展现遗忘的特殊价值和意义。[②] 以匈牙利的 Digi 案为例，Digi 是匈牙利的互联网头部企业，2018 年 Digi 建立了用于测试和纠错的数据库，其中包含大量平台用户的个人数据，同时 Digi 在测试和纠错后没有及时删除这些数据，对数据的存储超过了 18 个月。2019 年，数据库受到黑客攻击，造成 32 万名用户的数据泄露。黑客主动告知了 Digi 公司其数据库存在的漏洞，双方签署保密协议且黑客获得利益后同步删除了相关数据。Digi 公司向当地数据部门通报数据泄露情况，数据部门对此事进行了调查。最终数据部门认定 Digi 公司违反了《通用数据保护条例》第 5（1）（e）条的数据存储限定原则，处罚 Digi 公司 24 万欧元，Digi 公司不服并上诉。2022 年 10 月欧盟法院发布判决结果，基本支持了前审意见，认为其在存储期限原则上违规。尽管 Digi 公司留存用户数据并非恶意和故意，但欧盟法院并不认为这是充分的辩护理由。欧盟法院认为 Digi 公司的数据测试属于对数据合法合规的二次处理，并不违背《通用数据保护条例》的“目的兼容性”原则，而数据存储限定原则仍然适用，Digi 公司在数据测试结束后有义务及时删除相关数据。[③] Digi 案被认为是《通用数据保护条例》出台后的又一标志性案件，因为它拓展了《通用数据保护条例》的法律适用情境，考虑到数据的二次处理是否符合数据主体的合理期待、数据使用目的限定和兼容性等数据存储期限的延展问题。因此，舍恩伯格提出要通过法律规制让所有的数据存储主体都拥有相同的数据存储期限，意味着数

① 闫宏秀．技术与时间中的记忆线［J］．自然辩证法通讯，2020，42（11）：7-9.

② 玛农·奥斯特芬．数据的边界：隐私与个人数据保护［M］．曹博，译．上海：上海人民出版社，2020：163.

③ 李汶龙．个人信息处理者可以合法留存信息用于测试和纠偏吗？欧盟法院最新判决 Digi 解析［Z］. 2022.

据化记忆的存储期限不应只由一方决定，而应该是多方协商的结果，这也是未来完善被遗忘权相关立法内容的方向。

其次，遗忘具有功能性，其功能与记忆的功能互补，记忆的主要功能是还原历史，而遗忘的功能在于开创历史与面向未来。遗忘表现出对过去事情的辩证否定，尤其是在面对历史时，记忆代表完整地再现真实、反映事实，而遗忘代表从对历史的反思中汲取营养。数据化记忆是个体的生物记忆在技术作用下的延伸，技术扩展了记忆的功能，而遗忘同样需要在技术环境中才能发挥其功能。在智能时代，遗忘的功能表现在智能技术拓展的数据化生存空间之中，人类还可以保有遗忘的权利和道德自主性。① 因此，人们需要不断改进技术以保障数据存储期限的有效性。近年来，隐私计算的兴起为人们提供了在数据安全合规的情况下平衡数据共享与数据安全两者关系的技术路径，其中的“安全多方计算”是数据所有者通过算法和协议，对数据加密将其流转给其他方的技术手段②，安全多方计算的技术设计涵盖了数据检索、传输的时间，数据传输过程中的同态加密让其无法识别数据所有者，在确定数据存储期限的同时防范隐私侵犯。很显然，隐私计算是通过技术手段实现数据遗忘，但这种新技术并不会一夜之间就改变数据化记忆的状况，还需要依赖数据治理提供保障。

最后，遗忘具有确证性，遗忘是人的自然状态，智能时代需要回归人的本真状态，通过发挥主体能动性来对抗数据及相关技术等对人的异化。遗忘的伦理追求是人们在日常的信息实践中摒弃数据滥用，在理性、尊重和自主的情况下对数据做出取舍，这样的数据取舍过程体现了人主动摆脱数据主义和智能技术依赖的人作为非技术物的能动的存在。“存储期限”呼吁的是遗忘在人类生活和决策中的回归，“遗忘让我们瞄准当下，而不是将我们永久地拴在一个越来越无关的过去里”③。换言之，某些数据化记忆的遗忘并不意味着一个无知的未来，而是一个承认随着时间推移人类的想法也会同步更新与调整的未来。在数据解析社会，平台、企业、政府等数据主体总是希望保留数据，作为资产，这些数据持续产出价值，相伴而生的数据伦理问题的核心是如何符合伦理地收集并处理数据。由于

---

① 曹克亮．大数据时代记忆与遗忘的“五重观念”及遗忘的道德重建［J］．哲学分析，2022（2）：105-116.

② 腾讯大数据，腾讯研究院，腾讯安全．数据向善　联合无碍：腾讯隐私计算白皮书（2021）［R］．2021.

③ 维克托·迈尔-舍恩伯格．删除：大数据取舍之道［M］．袁杰，译．杭州：浙江人民出版社，2013：230.

数据活动的主体与指向对象之间的矛盾难以消除，因此在特定情况下，遗忘成为可行的选择，人们有时希望回归到被遗忘的状态，这并不是说人们要回到以前的生存状态，而是要在数据记忆和数据忘记之间找到一条中间的路径，使人们在面对数据主义以及相关异化问题时仍然保有道德自主性。

（二）道德责任与媒介“德性”

针对媒介的伦理规制在信息传播过程中展开，如今它面对的最大挑战在于智能时代信息传播媒介伦理观念的颠覆和重构。一直以来，媒介坚持“为信息传播实践制定一套全面的原则和标准”① 以应对虚假信息、污名化报道等传播问题，但众多现实案例表明这样规范性的伦理标准会忽视道德的历史性和情境性，无法使信息伦理对媒介的规制有效作用于具体的信息传播事件和新闻报道，这促使我们从元规范层面去审视信息伦理中的媒介伦理。规范伦理学的主导性理论是功利论和道义论，它们的共同之处在于都强调行为的正当合理，主张运用细化的规则来约束具有理性的道德主体，而德性伦理聚焦好的道德品质，“有德者不盲从于规则，而是因应特殊的情势做出决定”②。德性不同于规则，其是媒介伦理的元规范，即把媒介本身的道德责任和道德使命作为伦理的根本原则，如何构建一套具有德性、适合智能时代信息传播实践的针对媒介的信息伦理是一个值得思考的问题。

社会对媒介的信赖是媒介能够服务于公共利益的原因和结果，媒介自身的属性使它们无法逃避公众的伦理期待。③ 媒介的社会角色定位，使它在承载和传播信息的同时，被政党、公众和其他团体组织等寄予厚望，要求其承担起相应的道德责任。从西方伦理学的发展过程来看，有责任的行为是理性指导下的行为，道德责任是具有元规范性质的伦理要求。康德把道德责任看作“善良意志”的行事，认为只有出于责任的行为才是具有道德价值的行为。④ 由于媒介活动具有公共性和公益性，西方学者把其称为“社会公器”，在我国，媒体是党和人民的喉舌，承担着监测社会环境、协调社会关系、监督和引导舆论、传播文化等职责，

① Ward S J A. Philosophical Foundations for Global Journalism Ethics ［J］. Journal of Mass Media Ethics, 2005, 20（1）：3-21.

② 童建军. 德性伦理生活化反思［M］. 广州：中山大学出版社，2020：3.

③ 孟威. 媒介伦理的道德论据［M］. 北京：经济管理出版社，2012：255.

④ 伊曼努尔·康德. 道德形而上学原理［M］. 苗力田，译. 上海：上海人民出版社，2018：49.

媒介在扮演社会公共角色时，要为其信息传播行为的善恶承担责任。

道德责任作为一种元规范是伦理学中的重要命题，指主体在理性状态下，由其扮演的社会角色决定的其在道德上应该做的事情。[①] 道德责任既包括主体分内该做的事和应该承担的义务，也包括主体为自己的道德行为可能造成的伦理后果而承担的道德处罚。基于此，媒介的道德责任就是媒介在信息传播活动中的分内之事及其应该承担的义务，既是对善的信息传播行为的肯定，也是对恶的信息传播行为的追究。综观智能时代的中西方媒介可以发现，它们都兼具功利目的和公共目的，这一双重特性意味着媒介的价值选择应该从元规范的视角出发，这样才能避免由于目的不同而产生的信息传播伦理失范现象。美国社会学家艾兹奥尼把社会组织分为强制性组织、功利性组织和规范性组织，[②] 媒介因为具有盈利目标而成为功利性组织，但媒介同时具有宣传、舆论引导等社会职能，属于规范性组织，因此媒介是功利性组织和规范性组织的结合体。媒介伦理的建构应该以媒介的双重属性为前提，且充分考虑情境和文化等因素，而道德责任追求目的和结果的双重至善，是媒介在信息传播中产生一切道德价值的基础，是极具包容性的元伦理规范。

从媒介的层面看，构建以道德责任为核心的信息伦理原因有三个：第一，媒介具有强烈的意识形态特征，无论其如何标榜自己公正独立，都无法抹去其在信息传播中表现出的道德意志。然而，媒介的道德意志具有集体性，媒介的运营理念、发展策略等都是媒介道德意志的表现，媒介有意识地进行信息传播使其成为道德责任的伦理主体，因此媒介必须对自身的信息传播行为产生的一切影响承担道德上的责任。第二，媒介对人们的道德影响巨大，尽管单个媒介的道德意志很难左右人们的道德，但当媒介的影响叠加起来，通过信息传播不断影响人们的生活，就会左右舆论并使人们顺应媒介的道德性[③]，这反向说明媒介具有影响和改变社会道德责任的合理性。第三，具有社会价值引领作用的媒介，同时也是“公司法人”或“经济机构”，就像字节跳动被视为一个“科技公司”或“互联网平台”而不是一个媒体，这样的媒介在克利福德·G. 克里斯蒂安看来是“有个性

① 安克娴．媒体道德责任研究［D］．南京：南京大学，2014：31.
② 郭庆光．传播学教程［M］．北京：中国人民大学出版社，1999：158.
③ 孟威．媒介伦理的道德论据［M］．北京：经济管理出版社，2012：257.

的”，同时它们要在道义上成为被大众认可的对象。[①] 从媒介的性质来看，类似字节跳动这样的媒介就像富有道德的人，努力使自己具有道德心，或者说是媒介德性。

构建以道德责任为核心的伦理原则规范媒介的发展，需要明确媒介道德责任的构成要素，这是伦理原则应用的前提。媒介道德责任的主体是信息传播者，包括媒介从业人员和媒介本身。从媒介从业人员的角度看，记者、编辑等媒介工作者是信息采写和传播中最活跃的因素，大众总是根据媒介从业者的信息传播行为来判断他们的善恶、道德素养的高低，也借由信息内容形成对现实的认知；从媒介本身的角度看，由于个体的道德意识具有一定的局限性，媒介机构往往制定相应的伦理规章来约束媒介从业者的信息行为。换言之，媒介从业者和媒介的德性直接反映了媒介的伦理标准和道德实现层次，决定着信息传播的质量。媒介道德责任的客体是指媒介对谁负责，媒介需要服务的对象是社会大众，媒介需要满足大众的知情权，为大众参与讨论公共事务提供支持。在我国，党性和人民性是高度一致的，媒介对大众负责，也就是对国家和政府负责。另外，媒介道德责任具有普遍性的伦理内涵，把握共识性的伦理要求是媒介伦理起作用的关键，这些共识性的伦理要求包括信息传播的真实、客观、公正和以人为本等，即新闻专业主义、人道主义、人文关怀等是媒介道德责任的表现。

拉扎斯菲尔德和默顿指出，媒介是一种既可以为善服务，又可以为恶服务的强大工具。[②] 前文提到的信息伦理问题，就是媒介在进行伦理抉择时出现错误造成的，助长了恶的风气，受到大众的道德指责。目前，不同国家和地区的媒介及其管理机构都在尝试提出相应的信息伦理准则，并在坚守道德责任的前提下探索信息伦理实现的路径。作为信息传播者，媒介从业者和媒介本身就应该具备探索智能时代信息伦理实现路径的能力。

（三）道德物化与算法“向善”

信息开发中的算法技术会诱发复杂的信息伦理问题，阻碍信息、技术和人之间的互动。算法技术应用于信息开发过程是一把“双刃剑”，若算法没有受到科学的价值引领，便会造成负面效应，使算法从“技术的解放力量”变成“解放

---

① 克利福德·G. 克里斯蒂安. 媒介伦理：案例与道德推理［M］. 孙有中，郭石磊，范雪竹，译. 北京：中国人民大学出版社，2014：23.

② 李彬. 传播学引论［M］. 北京：新华出版社，1993：137.

的桎梏”。[①] 因此，算法的发展离不开伦理的约束，算法在信息实践中最终是造福人类还是祸害人类依赖于伦理的力量。在工具理性日渐膨胀与价值理性日趋衰微的智能时代，应该呼唤算法向善，倡导价值理性，把以人为本和负责任作为根本去认识和解析世界。

从古至今，技术实践都需要遵循伦理原则，工具理性也需要彰显人文价值，即发挥伦理的作用使技术为人类带来福祉和正向效应。技术是基于历史和社会的设计，离开了人类背景，其就不能得到完整的理解，那些设计、接受和维持技术的人的价值观与伦理观、倾向与既得利益都会体现在技术上。[②] 技术的设计过程承载价值，蕴含着设计者的价值理念和价值判断，同时技术合乎伦理被看作技术设计必不可少的条件，而算法设计合乎伦理的目的在于指导和规范算法的应用，使其符合道德标准，实现人类福祉，避免算法歧视、算法主义等伦理风险。

传统伦理学认为，道德和伦理一般是对人的行为进行规范，道德主体是人。由于算法负载价值，算法技术从设计到运行并非与道德毫无关联，而是具有人类道德相关性，因此通过算法可以引导人们在信息实践中形成遵守道德的行为。荷兰学者阿特胡斯提出了通过对“物”的设计来影响人们行为的“道德物化”思想，后经维贝克发展和深化形成相对完整的理论。道德物化理论认为技术具有道德调节作用，对技术物的道德设计不仅可以规训人的行为，而且可以使技术更好地践行人类的道德要求。[③] 从信息伦理发展史的角度来讲，道德物化理论拓展了传统信息伦理的研究对象，打破了传统信息伦理重“人”轻“物”的伦理体系。在智能时代，亡羊补牢式的伦理规制在算法技术飞速发展的现实面前显得滞后，而道德物化理论强调从算法设计阶段就引入伦理主张，将算法道德化作为一种具有前瞻性、同时便于打开算法黑箱的算法伦理框架。借用拉图尔“脚本”的概念，把道德伦理植入算法之中，就形成了可以引导人们信息实践的“脚本”，就像电影脚本书写了演员的表演方式，算法脚本可以在一定程度上“指导”现实生活舞台上人们的信息行为。因此，如果伦理学可以视作关于

① 赫伯特·马尔库塞．单向度的人［M］．刘继，译．上海：上海译文出版社，1989：143.

② Staudenmaier J M. Technology's Storytellers：Reweaving the Human Fabric［M］. Cambridge：MIT Press，1989：165.

③ 彼得·保罗·维贝克．将技术道德化：理解与设计物的道德［M］．闫宏秀，杨庆峰，译．上海：上海交通大学出版社，2016：44-56.

人们如何行动的研究，那么算法技术的设计与脚本就是伦理学的一种物化形式。

从目前来看，道德物化理论已经在一些领域得到了认可和应用。例如，汽车安全带的设计就是道德物化的经典案例，若乘客坐车没有系安全带，汽车就会发出持续的提示音以提醒乘客系好安全带，这显示出“安全”的价值理念已经被植入汽车的技术物设计中。维贝克在理论应用中常举减速带的例子，他指出在学校门口仅设置安全提示牌对于汽车减速效果并不明显，但减速带的设计会迫使司机在通过该路段时减速，这会降低交通事故的发生率。近年来，道德物化的主张还被应用在计算机和企业管理等方面，美国斯坦福大学教授福戈提出劝导性技术设计理念，认为依据道德标准设计的计算机系统是可以与人交互的，具有劝导意图，在未来大有可为。华盛顿大学教授弗里德曼倡导价值敏感性设计，指出技术设计应该遵循基本的伦理规范，如保护隐私、公平、安全、尊严、知情同意、可持续发展、追求人类幸福、信任等。① 规避算法的道德风险让其造福人类同样符合中国的期待，2021 年以来我国先后发布《互联网信息服务算法推荐管理规定》《关于加强互联网信息服务算法综合治理的指导意见》等文件，国家互联网信息办公室公布了境内互联网信息服务算法备案清单，涉及算法名称、算法类别、应用产品、主要用途等多方面内容。在具体应用中，医疗机器人就遵循了包含概念研究、经验研究和技术研究的价值敏感性设计理论，概念研究就是确定嵌入机器人的道德与价值观，经验研究就是通过信息采集和整合为前阶段价值设定的必要性提供数据支撑并为下阶段提供数据反馈，技术研究就是将机器人的操作行为与注入的伦理价值相互对应并持续优化。② 从上述说明可以看出，道德物化的理念已经从技术人工物拓展到算法领域，算法是人类创造的、建构信息关系的“人工物”。技术人工物存在于现实世界，处理的对象是“原子”，算法则处于虚拟空间，处理的对象是“比特”，但从本质来看，二者都属于计算操作或函数映射，在输入和输出过程中建构信息关系，并按照原始目的将输入转换为输出，因此，道德物化的技术伦理框架运用在算法伦理领域具有可能性

---

① Friedman B, Kahn P H Jr, Borning A et al. Value Sensitive Design and Information Systems [A]//Himma K E, Tavani H T. The Handbook of Information and Computer Ethics [M]. New York: Wiley Telecom, 2008: 69-101.

② 林爱珺，陈亦新．智媒传播中信息价值开发的伦理风险及综合治理［J］．山东大学学报（哲学社会科学版），2020（6）：1-8.

和合理性。

将算法道德化的目的在于建构一种合乎伦理的算法，这可以从三个层面解释：算法本身符合伦理要求、算法可以成为人们道德决策的帮手、算法作为独立道德主体参与伦理决策。这也对应着美国学者温德尔·瓦拉赫和科林·艾伦提出的让机器人明辨是非的三种层次：操作性道德（Operational Morality）、功能性道德（Functional Morality）和完全的道德能动性（Full Moral Agency），[①] 这三个层次有着递进关系，也表明实现道德算法仍然有很长的路要走。在实现道德算法方面，温德尔·瓦拉赫和科林·艾伦提出了自上而下、自下而上和混合式三种路径。自上而下的路径是直接把伦理规范转换为算法程序，试图将所有伦理问题都囊括在既定的算法伦理程序内；自下而上的路径是让算法自我学习，使其自动生成伦理原则。结合各种实践经验可知，自上而下的路径在进行伦理原则选择时存在难度，所选的伦理规范在具体应用中不容易变通，而自下而上的路径极易导致算法黑箱，同时数据偏见有可能影响算法道德判断的公正性。因此，混合式路径是目前学术界和业界的主流选择，这种路径吸收了自上而下和自下而上两种路径的优点，同时弥补了它们的不足。具体的信息实践既需要自下而上的分析，也需要自上而下的价值引领，同时算法设计者应具备“道德想象力”[②]，即无论何时，人都是算法的尺度，在伦理层面人总应比算法先行一步，具备超越自我和情境限制的能力，拥有更广阔的伦理视野和道德感受力。道德想象力包括以情感投射“设身处地”地为算法所牵涉的每个信息活动主体着想；洞察算法在具体信息实践情境中的行为倾向，并对其行为结果进行富有远见的预测；当算法面临伦理困境时，算法设计者会继续寻求新的行为选择的。[③] 总之，算法道德化符合当前信息实践和算法现实发展的需要，算法道德化能否实现依赖于在算法设计阶段植入怎样的伦理价值以及如何进一步规范和优化算法应用，这是值得探讨的问题。

---

① 温德尔·瓦拉赫，科林·艾伦．道德机器：如何让机器人明辨是非［M］．王小红，主译．北京：北京大学出版社，2017：98.

② 佩德罗·多明戈斯．终极算法：机器学习和人工智能如何重塑世界［M］．黄芳萍，译．北京：中信出版社，2017：49.

③ 张卫．算法中的道德物化及问题反思［J］．大连理工大学学报（社会科学版），2020，41（1）：117-121.

三、信息伦理与信息秩序协同互构的行动策略

信息秩序建设还需要发挥信息伦理外在机制的作用，信息伦理外在机制是社会层面保障内在伦理机制实现的策略和方法。本部分主要针对数据、媒介和技术三个层面内在伦理机制的实现提出相应的行动策略。

（一）坚持有序有度的数据共享，保护公民数据权利

信息活动中的数据共享和利用应以保证数据安全为前提，数据正义和数据安全是一切信息实践活动的基础。数据蕴含巨大的价值潜力，需要数据的一方总是希望扩大数据流通和共享的范围，而提供数据的一方又害怕暴露隐私，这就形成了信息伦理问题中的悖论，也意味着要在数据赋能和数据保护之间、使用权利和履行义务之间谋求平衡。彼彻姆说："伦理理论即使不以自然法、人性观念和尊重观念为根据，它无论如何也总是可以以权利为基础的。"[①] 权利内含着道德价值，但就目前的状况来看，数据权利是智能时代下人被赋予的新型权利，其经常会受到各种方式的裹挟、强迫和操纵，要使权利人在伦理尺度上的数据权利获得充分的保护，还远未见成效。[②] 因此，在增强人们数据权利的同时，还需要强化人们的数据利用意识，并引导人们有序有度地履行数据共享义务，实现数据共享和数据权利行使的协调。

智能时代以数据和信息为核心资源、以互联网和人工智能为主要技术的新特征与共享发展有着内在关联。一方面，数据具有不同于物质资源的特性，数据可以无限地再生和流动，数据共享的范围越大，其带来的价值就越多。在智能时代的经济活动中，数据生产者和使用者之间的合作关系愈加紧密，共享思维或意识不是追求垄断式的单一发展或独自发展，而是追求多元化的共同发展，重视交互

① 汤姆·L. 彼彻姆．哲学的伦理学——道德哲学引论［M］．雷克勤，郭夏娟，李兰芬，等译．北京：中国社会科学出版社，1990：321.

② 吕耀怀，等．数字化生存的道德空间——信息伦理学的理论与实践［M］．北京：中国人民大学出版社，2018：38.

过程中新价值的涌现[①]，这颠覆了工业时代排他性占有的价值观念，人们从追求独立竞争转向合作共赢，从强调占有到渴望共享。共享数据带来共享机遇，创造了新的商业模式，随着数据共享趋势的推进，相关机构预测未来会有更多的组织参与到“数据共享协作”中，以应对数据化生存的挑战，并寻求互利互惠的创收、运营和研究机会。[②] 数据共享在信息活动领域催生了知识经济、智能推荐，传递出“共享重于占有”的价值观新取向。另一方面，互联网和人工智能等技术驱动数据共享，人们正以接近零边际成本的方式生产和分享数据。互联网的本质在于互联，“与其在占有的意义上拥有，不如在互联的意义上使用”[③]，依靠海量数据和智能技术进行的互联互通、共享共治正在成为全球共识，这也同样改变着世界的伦理基础，即从重视拥有产权转向保障分享使用权，因此，信息伦理不仅是数据特性和技术逻辑影响下的一种价值观，而且是从重视物质财富拥有转向更高层次的精神文明追求的时代选择。

数据共享是符合时代需求和人文期待的价值呈现，是一种比强调占有和谋取巨额利润更加崇高的道德境界。然而，数据共享也应有序有度，过犹不及就会适得其反，数据滥用、隐私侵犯等都是数据获取者过度使用数据引起的数据伦理问题，应该从技术逻辑和数据正义两个方面出发来保证数据共享的有序有度。其一，坚持公开、透明和开放的伦理理念。数据共享的技术基础是算法和代码的公开透明，同时透明也是数据控制的前提。公开、透明和开放的伦理理念是指数据控制者的身份是清晰的、处理和利用数据的目的是明确的以及数据主体所拥有的权利是有保障的。欧盟《通用数据保护条例》第 13 条至第 15 条强调数据控制者具有信息告知义务。比如，互联网平台依据个人数据对其进行数据画像，此时平台就有义务告知数据主体该过程中的技术逻辑以及该过程对数据主体可能带来的影响。由于技术逻辑复杂晦涩，常常难以被人们完全理解，因此容易出现“透明度悖论”[④]，数据控制者应该用简洁易懂、清楚平实的语言做出相应解释。其二，诚信和信任是数据正义的保障。要想让数据共享发挥其价值，最根本的是要保证数据真实可信。数据取之于人，并被人利用，数据的真实可信依靠数据主体和数

① 成素梅．智能革命引发的伦理挑战与风险［J］．道德与文明，2022（5）：194-202.

② 德勤洞察．2022 技术趋势（中文版）［R］．2022.

③ 肖峰．信息时代的哲学新问题［M］．北京：中国社会科学出版社，2020：283.

④ Lane J，Stodden V，Bender S，et al. Privacy，Big Data，and the Public Good：Frameworks for Engagement［M］. Cambridge：Cambridge University Press，2014：2.

据控制者的诚信和信任。数据主体和数据控制者具有互惠互利的“同一性”关系，诚信的共享包含着善和爱的美好价值。为落实数据共享的诚信原则，我国相继出台了《数据安全管理办法（征求意见稿）》《信息安全技术 数据交易服务安全要求》等法律规章制度，提出了更加细化的准则，如合法合规原则、主体责任共担原则、数据交易过程可控原则等。整体来看，数据共享的有序有度是落实数据伦理的有效手段，它更多地要求数据控制者在数据利用中规范自身行为，与此同时，数据主体的自我保护也必不可少，作为数据解析社会的伦理纽带，数据权利是智能时代赋予公民的新的权利，更是个人进行自我保护、破解信息伦理困境的工具。

为数据权利而斗争是数据主体的义务，主张数据权利是道德上自我保护的义务，如果人们完全放弃数据权利，那将是数据世界的道德自杀。① 在法律层面，数据权利是数据主体以某种正当的、合法的理由要求数据控制者承认对数据的占有，或要求返还数据，或要求承认数据事实的法律效果。② 在伦理层面，数据权利是一种伦理权利，是数据主体在其数据被采集、利用等一系列信息实践过程中应该享有的尊严和利益。数据权利具有道德价值，体现出人们对和谐有序的数据化生存环境的向往。康德说：“人应该把自己看作目的，而不是手段，人的尊严是超过一切价值、无等价物可替换的东西。”③ 数据权利是智能时代每个公民应该享有的最基本的权益，这是彰显社会公平正义、维护个体尊严的道德底线。数据权利的明晰和保护，不仅是保护公民基本权益的伦理使命，而且有利于明确数据控制者在信息实践中的权责，预测信息实践后果，进而减少信息实践中不道德的现象。

数据权利包括多个子权利，整合目前各国以及国际组织出台的相关法规可以归纳出四种数据权利：知情同意权、被遗忘权、数据可携带权以及个人数据财产权。知情同意权和传统法律架构中的知情权一脉相承，都强调只有在数据主体同意的基础上，才能采集、利用数据主体的数据。被遗忘权是数据主体要求数据控制者永久删除与其相关的数据的权利。数据可携带权是一种具有高度人身性的权利，是数据主体从数据控制者处获取其个人数据以及个人数据从一个数据控制者

---

① 鲁道夫·冯·耶林．为权利而斗争［M］．刘权，译．北京：法律出版社，2019：15.

② 李爱君．数据权利属性与法律特征［J］．东方法学，2018（3）：64-74.

③ 康德．道德形而上学原理［M］．苗力田，译．上海：上海人民出版社，1986：87.

处无障碍地转移到另一个数据控制者处的权利。[①] 数据可携带权旨在确保数据流通的稳定性，明确了数据控制者不能将数据据为己有，且有配合数据主体的义务，以避免数据控制者对数据的争夺，确保个人数据的归属权。[②] 个人数据财产权是数据主体享有处分开发和利用个人数据产生的收益的权利。这进一步说明数据权利的本质是信息权，但同时体现人格利益和财产属性。近年来，我国无论是刑法还是民法都对个人信息主体权利进行了确认。在《中华人民共和国刑法修正案（九）》中，侵犯公民个人信息罪被置于侵犯公民人身权利、民主权利罪的章节；在《中华人民共和国民法典》中，隐私权与个人信息保护被列入人格权编，与生命权、健康权、财产权等民事权利同等地受到保护。2020 年版《信息安全技术　个人信息安全规范》在《中华人民共和国网络安全法》的基础上，对数据权利进行更加细化和全面的规定，明确数据权利包括数据查询、更正、删除、撤回授权同意、注销账户、获取个人信息副本、投诉管理等方面。

从伦理学的视角看，数据权利蕴含道德价值，数据权利的行使以道德规范为基础，需要他律与自律相结合。

首先，数据权利的行使需要制度保障，这主要包括数据立法和信息伦理规范的进一步完善。目前，公平信息实践已经成为全球进行个人数据保护的主要路径。有学者基于智能时代特征提出了适合中国语境的公平信息实践原则：个人信息数据的收集、处理与流转应当符合个体预期；对于未进入公共领域和不涉及公共利益的个人信息数据，个体对其具有访问权、纠正权和删除权；个人信息数据的收集不应当妨碍社会信息的合理使用与流通；消费者利益和公共利益优先；个体可以通过风险评估、风险预警、泄露告知等措施预防信息隐私侵犯等。[③] 从现实看，目前我国的数据立法基本包含了上述的基本原则，但还需要把一些社会公认的基本的数据伦理规范纳入其中。基本的数据伦理规范包括但不限于数据无害原则，即个体要对涉及个人隐私的数据内容负责，企业、平台等数据控制者要对数据主体和社会负责；数据公正原则，即数据权利的分配要兼顾社会效益和个人权益，既不能过度倡导数据共享，也不能一味追求数据产权保护；数据自由原

---

① 相丽玲，高倩云．大数据时代个人数据权的特征、基本属性与内容探析［J］．情报理论与实践，2018，41（9）：45-50，36.

② 金晶．欧盟《一般数据保护条例》：演进、要点与疑义［J］．欧洲研究，2018，36（4）：1-26.

③ 丁晓东．论个人信息法律保护的思想渊源与基本原理——基于“公平信息实践”的分析［J］．现代法学，2019，41（3）：96-110.

则，即个人数据权利不应被侵犯，实现数据共享工具价值和数据安全内在价值的平衡。

其次，道德的基础是人类精神的自律①。数据安全离不开数据权利价值观和伦理观的树立，个体需要主动把外在的数据伦理规范转化成内在的自觉意识，在他律中促进自律。在智能时代，我们要重新审视人与数据的关系，提升数据主体的数据权利意识，正视个人数据的多重价值。当下，数据已经不仅仅是工具，它还具有环境力量，虽然数据化重塑了我们的生活方式，但是这并不意味着数据或智能技术要成为我们的主宰，我们应该走出对数据圈地的迷思，增强个人主体意识，树立数据有度的观念，避免沦为数据或数据主义的奴隶。另外，数据主体要遵守社会的公序良俗，不仅要坚决抵制借助数据对他人和社会进行伤害的行为，而且要主张个体知情同意并坚守社会责任。总之，只有数据立法和信息伦理规范的他律与数据主体的自律相结合，从外部和内部建立起数据权利行使的伦理准则，才可以形成数据保护的合力。

（二）“负责任的行动者”与建设性新闻的信息实践

媒介及其从业人员如何在信息传播过程中践行其道德责任，这是本部分重点阐述的问题。在意志自由和理性批判的前提下，媒介如何传播信息取决于其做出的道德选择，而其道德抉择是否正确，受其主观能力的影响。主观能力包括认识能力和践行能力。② 对于媒介而言，认识能力是媒介遵循的职业道德规范和新闻伦理制度等，媒介基于相关伦理规制规范自身的信息传播行为，但现实存在的问题是即使是同样的伦理准则，也会因文化差异而产生不同的结果，如客观、公平等在不同的文化语境下有不同的内涵。为了解决跨文化因素对媒介伦理应用造成的影响，学者不断尝试，形成了偏向全球、脱离全球或介于全球与本土之间的三种媒介伦理实践路径，尽管介于全球和本土之间的媒介伦理看似最为合理，但它仍不可避免地被西方霸权主义力量裹挟，在当下全球信息秩序不平衡的情况下，基于全球又立足本土的信息伦理显然是不切实际的。③ 媒介的践行能力强调的是媒介及其从业人员在具体情境下应该怎么做，以道德责任为核心的德性伦理主张

---

① 马克思，恩格斯．马克思恩格斯全集（第一卷）［M］．北京：人民出版社，2001：15.

② 郭广银．伦理学原理［M］．南京：南京大学出版社，1995：317.

③ 单波，叶琼．全球媒介伦理的反思性与可能路径［J］．广州大学学报（社会科学版），2021，20（3）：34-43.

有德者不应盲从于规则，而是具体问题具体分析。换言之，媒介的践行能力重在突出媒介的主体性地位，谋求在不同的信息传播行动者之间建立具有主体间性的互动关系，把信息传播中“我和他”的主客体思维转变为“我和你”的主体间性思维。这种动态互动的媒介伦理建构路径可以避免由于媒介认识能力差异带来的弊端，在全球信息融通流动的智能时代通向全球化的信息伦理。

1. 从“合格的行动者”到“负责任的行动者”

“德性”关注人的内在品质，赫斯特豪斯提出的“合格的行动者”理论明确了“有德者”如何使其行为符合社会道德期待。[①] 赫斯特豪斯并没有将遵循伦理规范作为判断有德者的标准，而是认为“一位有德者，是一位拥有和实践德性的人”[②]。他把“有德者”作为行为是否符合德性的判断依据，坚持“以行动者为中心”的理念。基于此，如果在信息传播中，媒介从业者是一个或一群拥有和实践德性的人，那基于媒介而进行的信息行为就是符合社会道德期待的。合格的行动者理论作为一种从德性出发的信息伦理，在应用之初具有其合理性，它从媒介从业者自身出发，提出了信息行为符合德性的正确标准。然而，仅依据人的内在品质去判断其行为好坏的方法很快被证实是片面的，于是斯洛特、斯旺顿等伦理学者相继提出了“以行动者为基础”的理论和“以目标为中心”的理论，但这些理论也被证明相互之间具有逻辑同构性。随着媒介道德责任主体不断增多以及社交媒体赋予普通大众传播信息的权利，媒介伦理不再只指媒介从业者的道德责任，而是所有信息传播的行动者达成的符合“德性”的行为共识。为应对信息传播中的伦理问题，本部分借鉴欧美国家兴起的负责任创新理念，尝试建立一条从“合格的行动者”到“负责任的行动者”的信息伦理的媒介实践路径。

负责任创新是近年来欧美国家兴起的关于科技创新及其治理的理念。欧洲委员会发布的《加强负责任研究与创新的选择：关于负责任研究与创新最新专家组报告（2013）》对负责任创新做出了界定：科技活动中的研究和创新是一个集体的、包容的、互动的过程，社会中的所有行动者都可以参与到这个过程中来，了解行动后果和所受到的影响，共同评估涉及社会需求和道德价值的结果和选择，并将上述结果和选择作为新产品设计和研发的功能性需求，最终使科技活动

① Shafer-Landau R. Ethical Theory: An Anthology (Second Edition) [M]. New York: Wiley & Sons, 2012: 647.

② 童建军．德性伦理生活化反思［M］．广州：中山大学出版社，2020：41.

被广泛接受、可持续发展并赢得社会赞许。① 从本质上看，负责任创新是把科技活动的风险管理、伦理治理、社会影响等议题与公众相关联并从“责任”和“创新”的视角来考察的实践方式。目前，负责任创新理念已经在科技创新、政策研究、社会风险治理、伦理学等领域得到应用。例如，荷兰学者范登·霍文将负责任创新理念引入技术伦理学，并拓展了“价值敏感设计”“元责任”“情感可持续性”等新概念②；梅亮、陈劲和盛伟忠利用负责任创新探讨创新研究与政策实践的互动范式③；Stahl 利用负责任创新框架探讨如何在信息技术、新能源等新兴产业中匹配技术与社会价值并保护用户隐私④；伦理学家 Owen、Macnaghten 和 Stilgoe 认为，负责任的实践经验和创新的实践形式会决定负责任创新应用的可能性⑤。在实践经验层面，主体的责任意识产生于各种风险管理、安全评估的经验积累。在实践形式层面，负责任创新多涉及新兴产业或产业中新产品、新现象的发展，通过对新事物广泛影响的理解和相应的治理，实现实时同步调整新事物发展的路径。从媒介伦理的实践经验和实践形式来看，媒介的道德责任基本延续了经典新闻学“专业主义”的理论逻辑，即用规范、客观且符合伦理的话语进行信息传播，但随着智能技术的发展及其强有力地介入信息传播，“技术—文化共生论”成为信息伦理的基础，媒介需要考虑专业主义的核心话语和信息民主的价值目标之间的互构。换言之，面对智能时代新技术的发展及其带来的信息伦理风险，媒介不得不寻求一种“动态平衡”，去营造一个行动者共同对话的空间，让拥有不同背景的行动者拥有探索“个性基础上的共性”的思考起点⑥，这构成了负责任创新的媒介实践经验面向。与此同时，在智能化和数字化进程塑造的媒介生态中，维系媒介生态公共性价值目标的观念和实践体系均已失去其物质和文

---

① Hoeven J, Jacob K, Nielsen L. Options for Strengthening Responsible Research and Innovation: Report of the Expert Group on the State of Art in Europe on Responsible Research and Innovation [R]. Luxembourg: European Union, 2013.

② 赵迎欢．荷兰技术伦理学理论及负责任的科技创新研究［J］．武汉科技大学学报（社会科学版），2011，13（5）：514-518.

③ 梅亮，陈劲，盛伟忠．责任式创新——研究与创新的新兴范式［J］．自然辩证法研究，2014，30（10）：83-89.

④ Stahl B C. Responsible Research and Innovation: The Role of Privacy in an Emerging Framework [J]. Science and Public Policy, 2013, 40 (6): 708-716.

⑤ Owen R, Macnaghten P, Stilgoe J. Responsible Research and Innovation: From Science in Society to Science for Society, with Society [J]. Science and Public Policy, 2012, 39 (6): 751-760.

⑥ 常江．数字时代新闻学的实然、应然和概念体系［J］．新闻与传播研究，2021，28（9）：39-54，126-127.

化基础[①]，频繁出现信息传播伦理问题，需要信息伦理介入以解决问题并调整媒介发展路径，这是媒介的实践形式面向。因此，可以得出媒介具有负责任创新的伦理可能性，同时信息伦理具备适应智能时代媒介生态而转型的必要性。

负责任创新理念包含四个维度：预期（Anticipation）、自省（Reflexivity）、包容（Inclusion）和反馈（Responsiveness）。[②] 由于负责任创新理念希望每个行动者及广大公众的伦理价值、需求融入伦理选择的过程中，因此，围绕信息传播主题的各种形式的公众参与、对话活动是获取信息伦理价值的途径，也是媒介道德责任的表现。

在预期阶段，负责任创新理念强调回溯式责任转向前瞻式责任，即从关注媒介责任的“归咎”和“交代”转向媒介责任的“关心”和“响应”，不能在出现信息伦理问题之后再来谈媒介责任，而应是在信息传播行为开展之前就预估其可能会产生的伦理问题，“尽管预期着眼的是未来，落脚的却是当下”[③]，公众的上游介入和建构性的伦理评估有助于实现负责任创新的预期目标。媒介可以设置伦理委员会或公开征求相关伦理意见，保证公众参与对媒介未来发展的讨论；媒介建构性的信息伦理评估包括信息技术评估、信息场景规划等，如在特大暴雨发生前，媒介要对暴雨场景下信息技术安全、信息传播内容、信息传播方式方面的潜在伦理问题进行预判，设定突发事件信息内容传播的优先顺序，在发挥媒介社会道德功能的同时兼具人文关怀。

在自省阶段，负责任创新理念强调行动者层面的自省和制度机构层面的自省。Wynne 把基于责任的自省看作一项公共事务[④]，信息传播的主体、客体、相关行政管理者以及其他与信息传播相关的媒介都应该进行自省活动，自省是一种把信息传播与信息伦理联系起来的相互参照的能力。媒介的行为准则对其自省能力的培养有帮助，其中包含对媒介从业者道德责任的说明，具有行业自律的性质。近年来，国内外媒介机构比较关注数字新闻层面自省能力的培养，新闻采编人员、算法工程师、学者等共同参与数字新闻的伦理建设，尝试通过多平台合

---

① 常江，刘璇．数字新闻的公共性之辩：表现、症结与反思［J］．全球传媒学刊，2021，8（5）：93-109.

② Stilgoe J，Owen R，Macnaghten P. Developing a Framework for Responsible Innovation［J］. Research Policy，2013，42（9）：1568-1580.

③ 廖苗．负责任创新的理论与实践［M］．长沙：湖南大学出版社，2020：43.

④ Wynne B. Lab Work Goes Social，and Vice Versa：Strategising Public Engagement Processes［J］. Science and Engineering Ethics，2011，17：791-800.

作、员工培训、访谈对话、伦理技术评估等方法进行自省活动。在培养行动者和媒介机构的自省能力的同时，还需要对二者的道德责任进行重新思考。负责任创新的自省维度要求扩大或者重新界定媒介从业人员的角色责任，导致“只做好信息传播或信息把关本职工作”的角色责任与更大范围的道德责任之间的边界逐渐模糊，这就要求把信息传播活动放在更大的媒介治理的范畴中来考虑。

在包容阶段，负责任创新理念强调公众要参与伦理政策的制定，“包容”的实质是提供多种意见，通过伦理协商实现不同意见的整合。[①] 基于此，包容阶段需要加强信息传播的行动者以及公众之间的对话协商，以让公众的愿景和伦理价值嵌入信息伦理中，让信息伦理获得公众的认可，为信息传播服务。信息伦理不是理性且稳定的产物，而是人与人之间的动态的道德表现。Stirling 从规范、工具和实质三个方面分析公众参与伦理决策的不同动机。[②] 规范的动机是指公众参与信息伦理的制定本身就是应该的，不仅体现着民主、公平等道德责任，而且信息传播活动本身就是以人为核心开展的活动，尽管技术等因素对信息传播的影响越来越大，但如果失去以人为本的价值引领，信息伦理也就失去了灵魂。工具的动机在于包容行为是政府、媒介或相关机构的获利行为，比如以宣传政策为主要内容的信息传播为了避免公众的反对，需要通过信息伦理协商提前获取公众信任。实质的动机则是公众参与伦理决策可以为信息伦理提供多元的价值和更符合民意的伦理决策。当下，公众参与信息伦理协商多是通过第三方非官方组织进行，这些组织主导协商的人员构成、协商的方式和议程设置，形成了一些规范性的建议，但同时，媒介从业者和公众之间存在知识壁垒，这会使公众参与沦为工具性过场。另外，多方冲突和矛盾也会影响信息伦理协商，这也是未来需要解决的问题。

在反馈阶段，负责任创新理念的反馈包含“回答”和“反应”两个层次。从宏观角度看，媒介要洞察社会需求，在信息传播过程中回应社会关切、解决社会问题；从微观角度看，媒介要为公众参与信息互动提供便利，对公众的信息传播行为积极回应。有学者认为制度化反馈在负责任创新理念的框架中具有决定性

① 廖苗．负责任创新的理论与实践［M］．长沙：湖南大学出版社，2020：45.

② Stirling A. “Opening up” and “Closing down”: Power, Participation, and Pluralism in the Social Appraisal of Technology［J］. Science, Technology and Human Values, 2007, 33 (2): 262-294.

意义，把其视为负责任创新中重构道德责任的维度。① 就信息伦理而言，推进制度化反馈需要营造开放的信息伦理文化环境，重视信息伦理中的创新和冒险精神，媒介组织和机构的决策者要具备更高层次的媒介领导能力，保障公众在信息传播中的利益。

在信息传播过程中建立一条从“合格的行动者”到“负责任的行动者”的媒介信息伦理实践路径是基于负责任创新理念的四个维度开展的。在信息传播过程中，将负责任创新理念作为媒介伦理实践的框架重新审视媒介在信息传播过程中的责任问题，既具有理论意义，又具有现实意义。

2. 建设性新闻的全球实践与本土探索

在信息传播过程中，媒介的道德责任如何体现？媒介及其从业人员该以何种方式去规避和解决信息传播伦理问题？面对智能时代信息伦理的解构和建构，新闻媒体如何重塑信任，坚守德性，是亟待解决的问题。从某种程度上讲，负责任创新理念提供了一种具有主体间性思维的信息伦理建构方法，但媒介如何将这种思维应用在信息传播过程中还需要不断验证，而建设性新闻是媒介在信息传播过程中践行以道德责任为核心的信息伦理的一个落脚点。

建设性新闻是媒体着眼于解决社会问题而进行的新闻报道，是传统媒体在公共传播时代重塑自身社会角色的一种新闻实践或新闻理念。② 相关实践表明，建设性新闻涵盖了客观、真实、公平等一系列积极价值，为不同国家和地区规避信息传播伦理问题提供了解决方案，可以说，建设性新闻是一种在共识价值驱动下的多元化本土实践，为媒介践行以道德责任为核心的信息伦理提供了一种新的想象空间。

建设性新闻又称“解决之道新闻”，强调新闻内容积极和受众参与。所谓新闻内容积极，是指媒体在传播信息的过程中要具有正面和向善的信念，新闻不仅是对现实事实的揭露或呈现，而且要为解决现实问题提供方案和策略，这是对受众负责的外在表现。信息伦理强调的媒介道德责任既包含对善的信息传播行为的肯定，也包含对恶的信息传播行为的追究。基于此，建设性新闻并没有取代批判性的“把关人理论”，也并非只报道正面新闻，而是在扬弃“媒体必须中立”

① Macnagthen P, Chilvers J. The Future of Science Governance: Publics, Policies, Practices [J]. Environment and Planning C: Politics and Space, 2014, 32 (3): 530-548.

② 唐绪军，殷乐．建设性新闻与社会治理［M］．北京：社会科学文献出版社，2021：5.

"坏事情就是好新闻"等西方传统新闻伦理价值的基础上[①]，从媒介的道德责任出发为社会或个人提供信息帮助，改变了媒体对于"什么是有价值的新闻"的理解，拓展了媒体道德责任的边界。

建设性新闻注重公众参与，主张所有信息传播的行动者都参与解决社会问题，这与所有参与信息传播的行动者达成符合"德性"的行为共识的媒介伦理相得益彰。因此，媒介有必要重新定位自身和受众的关系，鼓励受众参与新闻制作和信息传播，改变传统媒体时代自上而下的信息传播模式。

建设性新闻在媒介落实"德性"和践行信息伦理方面发挥了不可替代的作用。一方面，建设性新闻使新闻工作者的道德责任从"只做好新闻报道本职工作"转变为"参与到新闻事件之中并推动问题解决"，新闻工作者不再只是现实事件的"旁观者"，而是变成了"参与者"，新闻记者的道德责任边界扩大了。另一方面，建设性新闻强调报道内容应该兼具客观陈述与问责追责，充分考虑公民的认知能力，体现人文关怀。信息过载、污名化报道等信息传播伦理问题会加重信息受众的认知失调，媒体的公信力也受到损伤，而建设性新闻的出现可以改变这种不和谐状态，实现"被感知的个体与所感知的情绪无压力共存"。[②] 媒体需要不断平衡积极报道与消极报道可能对受众带来的影响，既关注社会中鼓舞人心的事情，也注重对负面事件提供建设性的帮助。

建设性新闻从一开始就避免提出具体的操作化路径，以防止理念演变成为实践过程中的"仪式策略"，[③] 因此，不同国家和地区的新闻工作者应该在建设性新闻框架的基础上，探寻满足本土发展需求的新闻报道方式。与信息伦理一样，建设性新闻兼具全球共识和本土特征，都是从元规范出发指导信息传播实践。总之，建设性新闻以解决现实问题为导向，具有包容与多元的、面向未来的视野，同时坚持赋权大众，在不同语境下坚持协同创新以实现新闻价值和维护社会道德。对于智能时代全球范围的信息传播实践而言，建设性新闻符合以道德责任为核心、以德性为元规范的信息伦理的内在要求，近年来不断发展的公民新闻，是建设性新闻在全球的实践表现。未来，全球各国应相互借鉴建设性新闻的发展经验，推动信息伦理达成全球共识。

---

① 唐绪军，殷乐．建设性新闻与社会治理［M］．北京：社会科学文献出版社，2021：2.

② 高慧敏．疫情信息传播中建设性新闻的可行性论证［J］．当代传播，2020（3）：42-45，57.

③ 史安斌，王沛楠．多元语境中的价值共识：东西比较视野下的建设性新闻［J］．新闻与传播研究，2019（S1）：53-59.

（三）健全多元化的算法伦理治理体制

算法在信息实践中的伦理规制是国际社会广泛关注的问题。2018 年，欧盟委员会发布了《欧盟人工智能》，指出要把以人为本作为 AI 算法的发展路径，强调伦理在智能技术发展中具有关键作用。2019 年，欧盟先后发布了《可信 AI 伦理指南》和《算法责任与透明治理框架》，其中，《可信 AI 伦理指南》是首个被欧盟成员国采纳并签署的 AI 伦理原则，在“负责任地管理可信 AI 的伦理原则”共识之上确立了以人为本的发展理念和敏捷灵活的治理方式。谷歌、微软、二十国集团等企业或组织也提出了许多算法伦理原则。在我国，国家新一代人工智能治理专业委员会发布《新一代人工智能治理原则——发展负责任的人工智能》，提出了和谐友好、公平公正等八项伦理主张；腾讯研究院提出“科技向善”的伦理理念，主张从技术信任、个体幸福和社会可持续三个方面发挥算法向善的潜力。简言之，社会各界已经基本达成共识，信息实践中算法的发展离不开伦理原则的指导和伦理治理。

1. 算法发展的伦理原则

2022 年初，中共中央办公厅、国务院办公厅印发《关于加强科技伦理治理的意见》，这是我国国家层面第一个针对科技伦理治理的指导性文件，展现出我国健全技术伦理治理体制和建设技术伦理体系的决心意志。其要求建立完善符合我国国情、与国际接轨的科技伦理制度，塑造科技向善的文化理念和保障机制，努力实现科技创新高质量发展与高水平安全良性互动，促进我国科技事业健康发展，为增进人类福祉、推动构建人类命运共同体提供有力科技支撑。无论技术如何发展，其都应该是为人们的信息生活实践服务。本部分从元伦理的视角出发，基于善恶、责任、公平等伦理核心范畴对算法发展的伦理原则进行分析。

（1）增进人类福祉。基于算法的信息开发应该坚持以人为本的核心伦理理念。善恶是伦理学的根本问题，对于善自古就有很多种理解，庄子认为最大的生命价值就是善；边沁把对人的趋乐避苦视作善；达尔文进化论宣扬有助于人类的进化就是善。如果对善进行总结，我们可以认为以人为本就是最大的善。所以对于算法而言，如果算法应用过程中可以充分体现人本、人文、人性和人道，那么算法就是向善的。一直以来，信息伦理追求从目的和效果出发判断事物是否符合“善”，要求算法设计避免“蓄意为恶”，保障人们的数据权利和数据安全，但技术往往不能达到纯粹的善或纯粹的恶，即使在技术设计时向善的算法，也不排除在技术应用时产生不可预知的“副作用”，因此还需要从效果视角考察算法向善，不断调整算法在具体情境中的应用流程和人们对算法的引领地位。技术向善是一种主体间性的善，并非纯粹客观的善，是一种共识性的善而非真理性的善。① 算法的善恶属性需要依据具体的信息场景判断，需要由社会中的人加以建构。Finnis 提出了“共同善”② 的概念，认为生命、权利、隐私、友谊、自由和理性等对人们产生正向影响的伦理要素是内在于人性之中的，人类的道德品质决定了人们将设计怎样的算法。我们应秉持以人为本的理念来设计和编写算法，将保护人类的权利作为利用算法进行信息开发的前提，让人类追求的“共同善”在算法核心价值中发挥结构性的指导作用。另外，增进人类福祉还包括避免和减少算法在信息实践中对人们造成侵害的内涵。虽然算法可让人们高效获取信息，但其不一定能让人们获得全面的认识事物的信息，有时可能让人在冗余的信息中失去对客观事实的判断，如果算法可以帮助人们筛选把关假信息和谣言，消除人们对信息的迷惑和质疑，从而逆向确保信息开发的最大价值，那么这就是一种以算法克服“不善”来实现“向善”的手段。换句话说，要实现算法向善，需要对算法提出“治疗性要求”而非“增强性要求”③，即算法在智能时代对人要体现出“避苦优于趋乐”，重点是排除冗余信息，突出信息生态的“雪中送炭”，而不仅止于信息开发的“锦上添花”。

（2）尊重生命权利。信息实践中的算法活动应该最大限度地避免对人的信息安全、身心健康造成伤害或潜在威胁，尤其应该保护人们的信息人格和信息隐私，保障信息活动参与者的知情权和选择权。基于伦理价值的政策设计可以更好地保障个体权利和满足社会发展的需要④，从伦理规制力的视角来看，针对算法的伦理应该突出个人权利保护，并在算法执行过程中贯彻落实。当然，信息生态的稳定和谐仰赖权利和义务的匹配，个人不能仅片面地主张权利，还要履行相应的义务，树立信息权利价值观和伦理观，主动把外在的信息伦理规范转化成内在的自觉意识，由他律促进自律，保护自我生命权利。

（3）坚持公平公正。信息实践中的算法活动应该公平公正地对待不同的社

① 肖峰．科学技术哲学探新（学科篇）［M］．广州：华南理工大学出版社，2021：125.

② Finnis J M. Natural Law and Natural Rights［M］. Oxford：Oxford University Press，2011：155.

③ 肖峰．科学技术哲学探新（学科篇）［M］．广州：华南理工大学出版社，2021：127.

④ 孙保学，李伦．新基建的伦理基础：基于价值的信息伦理［J］．探索与争鸣，2022（4）：47-53，177-178.

会群体，避免算法偏见和算法歧视。亚里士多德指出，在各种德性中，人们认为公正是最重要的。[①] 既然算法负载价值且把以人为本作为核心理念，那么算法在信息实践中就必须体现目标公正和机会公正。算法在信息实践中的目标公正主要表现为算法设计和应用的公平公正，具体而言涉及算法服务公正，避免出现“算法共谋”“大数据杀熟”等问题。除了关注算法的内在公正，还应该注意算法在信息实践中的外在公正，有时算法在信息实践中保障了目标公正，却常常难以保障效果公正，尽管效果不公正有可能是无意的。就像针对外卖的算法设计是为了提高外卖配送效率和资源利用效率，并不是为了给外卖平台提供剥削外卖骑手的工具，其后来出现的种种“困在算法中”的伦理问题是在特定的社会场景和平台治理过程中产生的。可见，尽管算法设计的目标公正，也可能出现效果不公正的问题，但算法至少应该避免因动机恶意造成的不公正，并通过伦理规制将利益驱使或竞争造成的外在不公正控制在适度的范围内。2022 年国家互联网信息办公室等四部门联合发布的《互联网信息服务算法推荐管理规定》就明确了不得利用算法实施影响网络舆论、规避监督管理以及垄断和不正当竞争行为。算法在信息实践中的机会公正表现为算法应用下的信息资源分配的公正。由于算法及其生产的知识日趋显示出权力和能力的特征，因此对算法资源和信息资源的争夺与竞争日渐激烈。不可否认，掌握更多技术资源或信息资源的平台和个人总是可以获得更多的资源福利，而那些不能适应新技术语法和数字技术生态的“无家可归者”，会被排除和弃置在算法社会之外，成为阿甘本笔下的“赤裸生命”。[②] 显然，在算法应用的过程中，应该关注不同群体的信息贫富差距现象，既要追求“完全平等”，即每个人都有权利依靠算法获得更多的信息，也要注重“比例平等”，即个体的差异尤其是合理的差异应当得到包容与尊重，保障算法决策是基于大多数人的客观信息做出的，而不是对弱势群体或边缘群体的忽视。

（4）合理控制风险。信息实践中的算法活动应该客观评估和审慎对待不确定性，力求规避、防范可能引发的伦理问题。任何事物都具有两面性，算法也是一把“双刃剑”，对于如何规避算法等技术产生的潜在伦理风险，有两种主要观点：一种是倡导“人类权利优于算法向善”的自由主义，认为技术进步的意义重于伦理代价的意义；另一种是尊崇权威和传统的保守主义，认为伦理风险的意

---

① 苗力田．亚里士多德全集（第 8 卷）［M］．北京：中国人民大学出版社，1992：96.

② 汤志豪．“技术去能”与“多维透视”：智能时代的生命政治图景［J］．新闻界，2021（7）：73-82，94.

义重于技术进步的意义，应该前置和优先考虑技术活动中的伦理风险。这两种观点的主要区别是面对算法造成的信息伦理问题，应该坚持工具理性优先还是坚持价值理性优先，表明个人权力与普遍的算法向善理念和公共利益之间存在张力。面对潜在的伦理风险，既需要一定程度的自由，也需要一定程度的保守，既需要遵循伦理规范，也需要突破过时的道德的束缚。换句话说，正是自由主义和保守主义的互相制衡，促进了算法伦理的社会性建构，多主体通过讨论、商议等方式达成共识，算法在信息活动中终究要符合大多数人的情感认同，需要在有序良性的社会机制中看待算法伦理风险。因此，合理控制风险需要每个信息活动者都担负起社会责任，不断优化调整算法，“技术的力量使责任成为必须的新原则，特别是对未来的责任”①。由于算法给人和社会带来的长远影响很难被全面预见，新的算法伦理问题层出不穷，所以在一定程度上，伦理和道德的正确性取决于对算法发展负有的责任性，责任是每个信息活动者在算法伦理的社会性建构中不可回避的。

（5）保持公开透明。信息实践中的算法活动涉及多个信息利益方，应建立信息实践披露机制，打开算法黑箱，从算法透明、算法开源共享走向最终的算法可理解。2022 年 8 月，国家互联网信息办公室公布了境内互联网信息服务算法备案清单，涉及微博、微信、抖音等网络头部平台，公布内容包括算法类别、应用产品、主要用途和备案编号等方面，这是我国首次公开算法产品分类情况，有助于进一步实现算法透明并为算法治理助力。以公开的微博热搜算法为例，微博热搜是对用户的真实信息行为进行计算，包括用户搜索量、发博量、阅读量和互动量，建立搜索、讨论和传播三大算法模型，并根据三者的权重和互动系数，形成微博热搜的实时榜单。尽管这样的算法公开仍然是有限度的公开，目前的算法备案还缺乏法律效力，但在很大程度上已经促使平台企业在信息开发活动中更加审慎规范地使用算法，同时强化了外部社会监督，让更多的主体参与到算法治理中，形成全面而立体的外部监督机制。算法透明的目标是实现算法可理解，尽管一些平台企业和算法公司公开了算法运行原理，但仍然存在避重就轻、含混不清、晦涩难懂等，这并不能完全消除算法黑箱带来的问题。因此应该不断细化算法透明机制，有学者指出要从监控、预警和奖惩三个向度构建打开算法黑箱的人

① 卡尔·米切姆．技术哲学概论［M］．殷登详，曹南燕，等译．天津：天津科学技术出版社，1999：101.

机协同伦理机制。监控机制是运用算法严密防范用户信息在信息实践中被泄露、误用、滥用或非法采用；预警机制主要是对算法新闻生产者提供的新闻内容以及算法创设主体的信息传播行为实施审查，评估伦理风险，发布警告并责令相关主体进行修正；奖惩机制是对算法应用实践中的主体责任方采取奖惩措施，配合有关部门督促责任方限期做出整改，积极听取多方建议，解决算法自身的程序问题，弥补算法设计缺陷。①

2. 算法的伦理治理

将算法道德化是对算法进行伦理规制的实现路径，要让算法符合向善和负责任的伦理规范，离不开健全的治理体制。从道德物化可能产生的消极影响来看，把伦理价值植入算法设计，有可能出现“价值家长制”风险，即主导算法价值的权力多掌握在算法工程师等技术精英手中，普通人对算法的价值没有发言权，这是对民众自由的侵犯，如果情况更加恶劣，即算法价值若由某一国家主导，还会导致“价值殖民主义”。负载价值的算法与算法伦理选择并不是孤立的，算法和伦理有着许多共同的主体，政府、平台企业、算法设计者、普通民众构成了算法伦理的践行共同体。在这一背景下，算法伦理实践的“软着陆”机制应运而生，这是算法与伦理价值体系之间的缓冲机制，其目标在于通过非暴力的形式解决技术在发展过程中产生的伦理问题。② 2022 年初，中共中央办公厅、国务院办公厅印发了《关于加强科技伦理治理的意见》，明确指出要健全科技伦理治理体制、加强科技伦理治理制度保障、强化科技伦理审查和监管、深入开展科技伦理教育和宣传一系列“软着陆”措施。基于此，本部分将立足国情并坚持伦理先行，从以下四方面探讨算法的伦理治理方案：

（1）依法依规治理。算法治理是网络社会治理的重要环节，当前我国在推进国家治理体系和治理能力现代化的过程中，强调坚持依法治国与以德治国相结合，解决算法引发的伦理问题，也应该将硬法和软法结合起来，用法律规章保障算法伦理规范的有效实施。目前，欧盟赋权公民以对抗算法风险、美国采取问责制保障算法治理，而我国，立足自身国情且鉴于信息实践主体的复杂性和风险的不确定性，应采取“以政府为主导的多方共治”的算法治理方式。第一，完善政府主导的算法伦理治理体制，国家科技伦理委员会各成员单位按照职责分工负

① 林凡，林爱珺．打开算法黑箱：建构“人-机协同”的新闻伦理机制——基于行动者网络理论的研究［J］．当代传播，2022（1）：51-55.

② 潘建红．现代科技与伦理互动论［M］．北京：人民出版社，2015：207.

责算法伦理规范制定、算法审查监管等工作，把握算法伦理的主导方向。第二，建立算法伦理审查和监管制度，提高算法伦理治理的法治化水平，对信息活动中的算法伦理风险进行评估，完善互联网平台企业的算法公平流程。第三，完善针对算法的归因机制，目前主要将算法的伦理问题归责于企业或个人，采取罚款、取消相关资格等惩罚措施。但是算法伦理问题的类型多样，包括人为型算法失当、功能型算法失当和社会环境触发型算法失当①，因此应该具体问题具体分析，明确责任主体并采取不同的惩罚措施。由于法律的天然滞后性，算法治理的相关法律立法周期较长，当算法的相关立法跟不上算法技术发展时，我们就会重新审视我们的文化价值体系，在加快立法的同时，信息伦理往往可以发挥先导性作用，但如何保证法律和伦理的相互适应，需要树立整体思维，需要信息伦理相关主体之间的权利和义务的平衡，确定公权力、公民以及平台企业等多主体需求，方能厘清治理边界，从而使算法治理准确适用相应的法律规范。算法相关伦理是对信息实践中算法影响人类的道德管理，未来面对算法技术的不确定和难以预测，坚持伦理和法律并行，方是具有预防性的合理治理机制。

（2）敏捷治理。敏捷治理的核心在于及时调整算法治理方式和伦理规范，快速灵活地应对算法创新带来的伦理挑战。与传统的集中式治理、回应式治理相比较，敏捷治理的突出特点是在不确定的环境中，算法监管者和被监管者互动迭代与共同学习。算法治理的难点在于算法治理环境的不确定性，以算法公平为例，在伦理学中，公平涵盖多方面的内容，既可能是算法计算公平，如信息分发对不同群体的识别概率一致、不同群体被错误识别的概率一致等；也包括政治公平，程序公平、分配公平以及正义实现都包含在内；更有哲学本体论和效果论层面的公平。算法公平的复杂性体现出公平在技术、伦理、社会等诸多层面的争议，这就导致解决算法伦理问题，需要全面考虑技术、法律、个人、政治等不同层面的因素，因此算法治理并不是对某一功能的“一禁了之”，而是要关注多重因素间的复杂关联。目前，算法治理已经从理念、概念明晰阶段发展到分类治理的落实阶段，主要路径分为价值引领和风险规制两种，敏捷治理的目标在于独立探索算法治理的完整体系：制定宽泛的治理目标、赋予算法设计和算法应用一线人员自由裁量权利、开展算法规范的同行评议，进而基于评议修正目标、标准或程序。在我国，算法监管体系正在加强建设，算法分类分级、算法备案、算法风

① 肖红军．算法责任：理论证成、全景画像与治理范式［J］．管理世界，2022，38（4）：200-226.

险评估等正在加快落实，尽管还会遇到很多挑战，但敏捷治理始终是大势所趋。

（3）开放合作。算法治理是全球问题，因此应该坚持开放发展理念，加强对外交流，建立多方协同合作机制，凝聚共识，形成合力，积极推进全球算法伦理治理，贡献中国智慧和中国方案。基于人本主义的算法治理框架必然是全球化的，从全球算法治理的发展进程来看，国家共同体正在形成，国家之间积极寻求算法治理规则的联通。算法治理与算法伦理的研究往往是超越国界的，其影响是广泛和深刻的，算法治理局限于本国本地很难取得良好的治理效果。[①] 因此，我国应该明确自身在全球算法伦理治理体系中的职责，积极参与算法治理的国际对话，构建具有全球视野、和国际接轨的算法治理体系。具体来说，在算法治理中，既要注意用伦理引导算法的内在价值，也要用法律规范算法在信息实践中的外在行为，用技术标准对算法进行技术设计和应用规范。目前，我国的算法治理还存在一些问题，应在保护算法知识产权的基础上，加快算法伦理治理步伐，与世界各国共担责任，营造和谐的算法环境，推动全球信息生态的健康有序发展。

（4）算法素养提升。作为算法活动直接影响的群体，公众参与算法治理非常重要。安德鲁·芬伯格指出合理的技术体系的形成离不开公众的“抗争”，在他看来，技术应用者的利益常被重塑为让更多公众参与的正义性问题，公众对技术的理解和抗争可促成技术合理性，最终也会对专家知识与非专家知识之间的逻辑关系形成新的理解。[②] 公众应参与算法决策，建构人与算法的和谐关系，保证人始终是算法的尺度。然而，从当下的状况来看，公众对算法的抗争更像是一种基于“算法想象”的抵抗，他们多依赖于假设、期望和相关知识，通过想象算法如何运作来弥合他们对算法理解的差距，运用获得式战术和防御式战术对算法进行驯服并自我克制，包括让算法“更懂我”和让算法“猜不透”两种抵抗逻辑。[③] 具体来说，需要加强算法相关知识的普及和算法的价值塑造、完善算法创新和应用环境、结合算法伦理制度及算法法律法规，形成算法发展合力。算法在人们的信息实践中已经无处不在，人们不仅需要接受算法的存在，利用算法来增强人自身的能力，享受算法带来的便捷，而且要对算法带来的异化风险有清晰的

---

① 孙保学．人工智能的伦理风险及其治理［J］．团结，2017（6）：33-36.

② 安德鲁·芬伯格．技术体系：理性的社会生活［M］．上海社会科学院科学技术哲学创新团队，译．上海：上海社会科学院出版社，2018：196.

③ 洪杰文，陈嵘伟．意识激发与规则想象：用户抵抗算法的战术依归和实践路径［J］．新闻与传播研究，2022，29（8）：38-56，126-127.

辨别和反抗能力，这就意味着我们需要具备与算法社会相匹配的素养，可将其称为算法素养。[①] 算法素养是人们面对算法应用时展现出的态度、知识和能力。要提升公众的算法素养，应该通过多渠道和多平台对公众进行算法素养教育，充分提升公众在智能时代的信息生产素养、信息选择素养、信息甄别素养以及信息整合素养；培养公众对算法技术的理性认知和批判意识，使其能够了解并熟悉算法应用的基本逻辑和运行机理，能够合理地运用算法而又不被算法所操控，从而实现以人的价值理性驾驭算法的工具理性，让算法真正成为人全面发展和信息生态建设的助推之器。

① 彭兰．如何实现“与算法共存”——算法社会中的算法素养及其两大面向［J］．探索与争鸣，2021（3）：13-15，2.

第九章　结论

一、研究结论

在智能时代，随着信息技术的发展、媒介环境的变迁、海量数据信息的涌现，传统的以人类为中心的信息伦理面临着新的挑战，信息伦理失范现象亦成为全球信息生态治理不可忽视的问题。围绕“什么是智能时代的信息伦理以及信息伦理如何更好地推进信息秩序建设”的核心问题，本书借助现象学的研究方法，探讨了智能时代信息伦理的概念与内涵、信息伦理的失范现实、信息伦理的结构与主体重塑、信息秩序建设中的信息伦理机制四个核心问题，得出以下四个方面的结论：

第一，智能时代对信息与信息伦理的内涵理解。何为信息伦理？显然，要回答这个问题，首先要回答何为信息。关系性、涌现性和共享性是信息的基本特征，人类的生活世界、认识装置、社会性的语言符号系统以及生存实践和生产实践，决定了人类所构建信息的意义。信息在信源和信宿的互动关系中创生，不同信宿可以与同一信源建立关系，表现出信息的共享性，然而信息的传播与流动并不遵循能量守恒定律，信息演化是不可逆的过程，具有存在论意义上不可还原的涌现性。尽管信息的涌现性会带来信息意义和结构的诸多改变，但这些变化不会动摇包含生命、自由和公平的人类核心价值，以智能技术和信息为基础的社会的发展仍然需要相应的信息伦理学。因此，主体的建构、主体与技术、媒介的信息交互、个体与世界的同一性关系尤其是伦理同一性关系，构成了“信息方式—伦理世界”互动的基础。

在智能时代，电子媒介信息方式对伦理世界的影响主要表现为对传统伦理世界的解构，即电子媒介信息方式通过特殊的语言构型和信息交互行为，改变了伦理、伦理世界的存在状态及其建构和发展的规律；改变了人们对伦理、伦理世界的文化态度，以及对个体存在和个体位于其中的那个世界的伦理感。基于此，信息伦理已并非单纯是应用伦理学的分支，它与信息技术发展密切相关，也与信息文明社会发展状况相关，是指导人们的信息活动和信息行为向善，调整人与多元信息实体之间的信息关系的原则规范、心理意识和行为活动的总和。智能时代，信息技术、信息方式、多元平台渗入和改变了人们的生活，使信息伦理的广义和狭义界定显得尤为割裂，多元信息伦理主体共在的状态使信息伦理涉及的范围突破了线上和线下、国内和国外的限定。据此，本书将信息伦理界定为：既是与信息有关（涵盖信息内容、信息技术、信息媒介、信息人等信息圈中的各个组成要素）的伦理，也是指导信息活动和信息行为向善、调整多元信息关系的道德规范；既是关于信息主体和伦理主体的研究，也是关于信息空间秩序建设和伦理规范的研究。

智能时代的信息伦理有了新的变化：技术发展带来了信息伦理主体的变化，多元信息伦理主体的涌现颠覆了传统信息伦理研究只关注线下信息活动和人本身的信息行为的取向，这意味着数据、群体、技术智能体、算法等多元主体都可以被视为信息伦理主体；信息伦理活动场域发生了转换，信息伦理不再只针对信息技术，它被置于复杂的信息文明知识权力结构之中，信息伦理问题以社会问题的形式呈现在人们面前，信息伦理活动的场域变为超越现代性知识权力结构的信息网络空间；信息的互联互通使信息伦理具有全球伦理的价值，信息资源是全球共有的资源，信息的互联互通体现出信息的涌现性与共享性，与之相适应的信息伦理在智能时代包含着全球伦理的成分，在坚持信息伦理基本原则和规范的前提下尽可能地求同存异，是当今全球信息生态和谐有序发展的动力。

第二，从信息生命周期的视角，运用现象学的研究方法归纳智能时代信息伦理的失范现实。本书通过分析认为，在信息开发过程中，信息伦理问题既包括技术发展引起的伦理困境，也包括信息开发主体在具体操作中的伦理失范现象；在信息传播过程中，信息伦理问题主要包含三个维度：信息内容属性、信息传播方式和信息获取效果；在信息利用过程中，信息伦理问题主要是数据不能合理使用或权利越界。在信息组织过程中，信息伦理问题表现为信息熵在信息自组织中的积聚并导致整个信息圈结构的混沌紊乱。对于个人而言，个人信息沉溺与主体能力丧失也是信息伦理失范现实的表现。

第三，分析了智能时代信息伦理的结构与主体的重塑。信息伦理的结构具有整体性、可变性和自调性，智能时代信息伦理的结构不断从低级向高级、从简单向复杂发展。信息伦理结构的变化，使信息传道者和信息接收者的边界趋于模糊，信息内容在媒介环境和智能技术的影响下，也不断发生变化。信息伦理结构中各要素相互依赖、相互制约、相互促进、相互发展的关联性活动，揭示了信息活动的伦理关系。算法技术在信息开发中具有负载道德、媒介作为“信息器具”具有道德功能、数据解析正在塑造人类的信息化生存面貌、信息圈中多元信息实体共生共存。技术、媒介、数据和人本身在信息系统中相互联系、相互影响，共同揭示了信息伦理丰富的主体内涵。首先，算法是负载价值的，是具有伦理内涵的，其在信息开发过程中的技术操作也是伦理操作。算法不仅是技术、权力，还是认知系统，从任何一个层面来看，算法与人类生存都密切相关，算法实践深刻凸显社会发展和主体完善的双重关切，映射出信息活动的价值。其次，媒介的伦理道德水平影响信息传播质量，直接关系到人们是否可以获取真实的信息并对世界产生合理认知。媒介的意识形态会通过新闻从业者或平台参与者的言行作用于现实社会，进而观照整个社会价值观和信息伦理观的走向。另外，数据成为信息利用中不可或缺的一部分，通过创造性利用数据而产生的价值对人们的工作生活有重要影响。人的信息化在场与社会的深度数据化成为数据解析社会的现实表征，数据权利是数据解析社会信息伦理关系建构的纽带，以数据权利为核心的信息伦理立足解决当下的现实问题，兼顾内律与外诉，致力于通过权利的正当实现来制约数据权力运作，减少基于数据的知识权力结构对主体权利造成的侵犯，是具有安全、尊严和平等道德理念的伦理。最后，从系统论的整体视角洞察信息系统中各要素的伦理互动过程，将智能时代信息系统从无序到有序、从低级到高级的演化过程，视为技术、媒介、数据以及人自身的信息自组织演化的结果。

第四，提出了信息秩序建设的伦理机制。明确信息伦理在信息秩序建设中的功能价值，这本质上也是回答信息伦理在当代的现实意义，体现本书的研究目的：改善信息生态环境，提高信息实体的伦理意识，使信息活动置于伦理规范之中，坚持信息伦理与人类主导的价值目标相吻合，与信息文明发展的价值目标相吻合。具体来说，为了消除信息伦理风险，建设信息秩序，本书提出了信息伦理的内部机制与信息伦理的外部机制相协调的行动策略。基于信息伦理的内部机制，从算法的角度看，要实现道德物化与算法“向善”；从媒介的角度看，要坚持道德责任与媒介“德性”；从数据的角度看，要发扬遗忘美德并确定数据存储期限。基于信息伦理的外在机制，要坚持有序有度的数据共享，保护公民数据权利；要强化“负责任的行动者”与建设性新闻的信息实践；要健全多元化的算法伦理治理体制。

信息伦理涉及人类整体在信息活动中的共同需求和利益，在全球化程度不断深化的当下，命运共同体的时代价值和意义重大。智能时代的许多信息问题都具有全球性和普遍性，信息伦理致力于解决人类共同面对的信息道德问题，通过建立具有普遍约束力的伦理共识，走向普世伦理。

二、未来展望

关于信息伦理与信息秩序建设，本书还存在以下两个方面的延展问题，可以做进一步的探讨。

一方面，信息生态环境是人类生存的基本社会环境，信息伦理问题同生态问题、人口问题、生命问题等一样，是人类面临的全球性问题。信息伦理是具有普遍性的价值关怀，表现出“类”道德要求，即每一个国家和民族在信息问题上都肩负责任和义务，都需要遵循具有普遍约束力的伦理规范。换言之，信息伦理包含基于民族发展的特殊价值和基于人类共同需要的普遍价值两个维度。鉴于信息伦理具有普遍性，那么如何在多元对话中构建休戚与共的信息伦理共同体是值得深入探讨的。

另一方面，学术界提出信息伦理原则基于不同的思路和角度，本书以伦理学中的德性论为基础，同时借鉴了责任伦理和算法伦理的研究成果。然而，中国拥有丰富的优秀传统文化和伦理资源，在处理全球性问题和信息文明相关问题时显示出巨大的优势，有必要进一步挖掘中国传统文化思想的重要伦理价值，为实现信息伦理与信息秩序的协同发展提供更多的共识性对策。

附　录

附录一　受访者参与研究知情同意书

知情同意书

第一部分　研究信息说明

一、研究者身份

陈亦新，男，河南省社会科学院助理研究员。研究方向：信息伦理与社会治理。研究主题：智能时代的信息伦理与信息秩序建设。

二、研究目的与内容

本研究的目的为通过分析智能时代的信息伦理失范现象，思考当下人们数字化生存的真实状况，揭示信息伦理失范的现象学意义，并为信息伦理理论建构和信息秩序建设等提供经验。研究内容主要包括真实再现受访者在日常信息活动中有关信息技术使用、信息媒介交互、信息内容接收与发布等一系列可能涉及信息伦理的行为，探析这些行为中的伦理问题，并基于此分析智能时代信息伦理在问题显现、价值选择、道德机制等方面的变化。

三、研究方法

本研究采用质性研究的现象学方法，通过访谈收集资料，访谈时长为40~90分钟。

四、保密与安全

受访者为本研究提供的所有图像、语音和文字信息都保证匿名。访谈内容会被录音，之后会被转化为文本内容，后续访谈结果会向受访者进行反馈。反馈完成后，相关录音即被销毁。在访谈过程中，受访者可随时中止访谈并退出访谈过程。

第二部分 知情同意签名

我已详细阅读上述知情同意书，并完全了解本研究的内容和方法，得知个人资料会被严格保密，隐私权得到保护。我自愿参加本次研究，并同意按照研究方法和知情同意书相关内容配合研究者，真实地完成本次研究。

受访者签字：

日期：

第三部分 研究参与者信息

姓名： 性别： 年龄： 学历： 专业：

工作单位： 工作内容：

附录二 受访者现象学访谈提纲

针对第一类受访者：

（重点从技术应用、信息内容、信息分发、信息把关、平台生态等方面展开提问）

1. 您如何看待信息技术对传媒业/互联网行业的影响？

2. 请您简要描述一下您的工作内容。重点说明信息技术在工作中的应用状况、媒介使用的变化情况、日常信息传输工作中遇到的困难等。

3. 可以谈一谈算法技术在您工作中的应用状况吗？请详细介绍下算法伦理在工作中的落地表现。当下是否存在算法黑箱等传统技术伦理问题，如果存在，您认为如何规避和解决这些问题？

4. 作为传统媒体编辑/记者，您觉得新技术给工作内容、方式等带来了哪些变化，您遇到了哪些困难，这些困难可能产生的原因是什么，目前尝试如何解决？

5. 作为信息分发的技术人员，可以详细介绍下算法信息分发的方式和标准吗？如何确定用户兴趣、如何处理用户反馈呢？哪些个人信息会被用于用户画像的构成？技术人员与传统编辑/记者等内容生产者的工作方式是怎样的？部门之间的协作方式和流程是什么呢？

6. 用户关注的隐私外泄、信息茧房等问题是否真的存在安全隐患？您所在的媒体/平台是如何处理这些问题的呢？

7. 您所在媒体/平台的部门构成是怎样的呢？涉及技术相关的部门有哪些呢？您认为技术部门的作用和地位是怎样的？

8. 信息筛选和审核把关的模式是怎样的？如何判断信息内容的原创性？对不良信息的治理措施有哪些？对于网络舆情如何处理？

9. 您是如何看待日常工作中出现的信息伦理失范现象的？从信息相关行业从业人员的视角出发，您觉得亟须解决的问题是什么呢？

针对第二类受访者：

（重点从信息伦理跨学科发展涉及的问题、理论、争议点等方面展开提问）

1. 您如何看待信息技术对传媒业/互联网行业的影响？

2. 您是如何看待传统信息伦理相关理论在智能时代的适用性的？您是如何理解信息伦理的，对伦理主体的认识是怎样的？

3. 您是如何看待“以价值观引领算法”这一观点的？您觉得在信息技术研发中，哪些价值观和道德观是值得被发扬的？如何将价值观和道德观植入算法等信息技术中，目前这方面存在哪些问题、解决措施有哪些？

4. 您是如何看待信息伦理活动中的主体性问题的？可以谈论人在信息活动中的主体性、分析技术或技术物是否具有道德主体性等。

5. 您是如何看待信息价值开发和个人信息保护问题的？该如何平衡信息的公共性和隐私的个人性？

针对第三类受访者：

1. 您如何看待信息技术对传媒业/互联网行业的影响？

2. 您目前在××平台上的账号的运营状况如何？可以介绍运营内容、运营时间、粉丝数、运营经历等。

3. 作为××平台深度使用者，您认为××平台目前在信息开发、信息利用、信息传播和信息组织方面给您带来的体验如何，不良体验有哪些？

4. 您在平台上开展的哪些信息活动会受到平台道德或伦理层面要求的限制？

5. 您是如何看待平台日常信息活动中出现的信息伦理失范现象的？从信息活动参与者和平台深度使用者的双重视角出发，您觉得亟须解决的问题是什么，有哪些建议呢？

注：尽管针对不同的访谈对象采用不同的视角，但整个访谈始终围绕“智能时代信息伦理失范现象”展开，涉及信息伦理失范问题、问题产生原因、可采取的措施等方面。同时，访谈过程保持开放的状态，受访者可畅所欲言。因此，正式访谈中讨论的问题会比上述问题更加丰富和具体。

附录三　受访者现象学访谈实录（摘录）

访谈时间：2023 年 1 月 6 日 15：00

访谈地点：广州市天河区六运小区某咖啡馆

访谈对象：P2，羊城晚报全媒体记者

基本信息：P2，男，25 岁，2020 年开始进入羊城晚报实习，2021 年研究生毕业后入职羊城晚报社会新闻部。在近两年的工作中，先后参与并负责美食、房产、民生等新闻内容的采编工作，成为具备采访、写作、编辑、视频采剪等多方面能力的全媒体记者。

访谈前情境：访谈当天，P2 结束中午的新闻采访，吃完午饭后，就来到了约定的咖啡馆。

以下为笔者根据访谈记录改写的现象学访谈文本，文本得到受访者同意。

我是 2021 年正式入职羊城晚报工作的，在工作的这两年多时间里，我深刻而又全方位地感受着智能时代的媒体融合发展。我是一名全媒体记者，这个称呼就很具时代感，自媒体融合被写进《政府工作报告》，传统媒体就开始了顺应智能时代发展趋势的改革。我主要负责的是民生类新闻，跑过美食线、房产线，新冠疫情的时候还跑过疫情民生专线，最近关注的多是民生需求与城市发展。与传统媒体记者相比，我现在要具备的能力更多元，比如，我需要拟定新闻选题，当然有时候报社也会共同讨论或直接分派，选题确定后需要确定访谈内容和对象，我一个人基本可以完成整个访谈，一边提问，一边录视频，对于记录不完整的内容，我回去会反复听录音。访谈结束后，我就开始整理访谈内容，编写新闻稿，同时还会剪辑出一个2分钟左右的小视频供羊城派推送，如果是编辑文字内容，要求可能会高一些，我会在文字表述方面更严谨一些。该新闻上报或上网后，我会对新闻效果进行观察，并根据相关数据不断调整和优化新闻选题或采写方式。之前是新闻生产、编发、评估等每个环节由不同的人完成，现在我一个人就可以也必须完成。

新技术的应用对我们的影响，可以说还挺大的。先说技术本身，我不仅要会应用技术，而且要能适应技术。应用技术其实是比较难的，尤其是应用不断迭代的新技术。我前几天尝试用 ChartGPT 写一些简单的数据类新闻，但生成的新闻完整度大概只有七八成，算半智能，没有我想象中的高级。但这些新技术的迭代，难免会让我有很大的压力，我会去思考“我与技术相比的优势在哪里”，大家对技术会替代和支配人类的担忧还是有些道理的。这就涉及技术给我带来的另一方面的影响，即要能适应技术。举个例子，我们报社会对全网的舆情热点进行检测，通过算法对海量信息进行聚类分析，提炼出当下关注度较高的人物、事件和话题，并自动生成新闻点，刚开始我会觉得这样很方便，我们不用亲自找新闻点了，但时间久了就会发现，并非所有的“热点”都具有新闻价值，甚至有许多尚未判断真假的事件也会被算法提炼出来，这会干扰我们对事实的确认。算法需要“喂养”，需要“培训”，这个过程是我们和算法相互配合，最终形成默契的过程，真的很难。

技术对新闻业或者说是对信息生态的改变，我们称之为“重塑”。从信息传播流程来说，我的感悟主要在时间、内容、受众和分发渠道这几个方面。在时间方面，智能技术让新闻从“及时”转向了“实时”，我们现在虽然还有报纸，但报纸的时效性没有那么强，对于当下可能正在发生的新闻事件，我们一般通过微信公众号、微博或视频号及时推送，让信息第一时间传播给大众，甚至要让大众有在场感，而这一切都依靠技术的发展，包括5G通信技术、增强现实技术（AR）、虚拟现实技术（VR）等。在内容方面，智能技术让新闻由点及面，传统新闻只要讲清楚事情来龙去脉就好，但现在追求通过技术提供更多信息层面的“链接”，比如我们在新冠疫情期间在相关新闻页面贴上了二维码，通过扫码可以求助，借助技术优势拓展媒体的社会能力。同时，要用不同的表现形式再现新闻场景，如小程序、直播等，我们报社一直在尝试，目的是借助技术增强读者的体验感，最大化信息传输价值。除此之外，算法改变了新闻分发模式，使你看到的信息就是你所关注的。在受众方面，我们在不断弱化“受众”的概念，传统单向的信息传输模式渐行渐远，网民对媒体议程设置的被动影响越来越小，随之而来的信息茧房、数字鸿沟成为被关注的问题。在分发渠道方面，我觉得部门现在太依赖算法，好像算法提供的数据就是最客观的，数据成了评判的标准。所以，我现在编写新闻会想怎样能获得更高的关注度，关注度是影响力的一部分，不过内心真的很疲惫，我需要不断地与热点、网民情绪贴近，做好时代的“桥头兵”，但这个兵是依据技术、数据来判断方向的。

关于技术发展带来的伦理问题，我认为你提到的算法黑箱、算法把关问题的确存在。拿算法把关来说，我深有体会。算法把关的确能解决一些问题，为我们的工作带来了便利。但是，一旦算法把关出现问题，这个问题可能就是致命的。之前有篇新闻调查的稿件，算法将一位市级领导的名字和其后面的词语识别到了一起，直接按照病句给修改了，然而全文只被识别出了那一处，我们没留意到，稿件发出来大概一分钟就被撤回重新编辑了。类似的语病匆改、翻译“乌龙”、词语乱用等现象都出现过，而且算法有时无法准确识别包含色情、暴力信息的内容，说明技术对信息的理解远不能达到人类的水平。对于算法黑箱问题，我感觉社会上对算法黑箱也存在误解，并不是说公布相关技术的流程和代码就可以解决算法黑箱问题。我们部门其实是没有专门的技术人员的，我们应用技术是依托于报社的技术平台，前面提到的那么多技术问题，我们会反馈，但实话讲，效果不尽如人意。一是我们没有直接对接的技术人员，所以反映问题就比较被动，我除了向我的上级领导反映问题外，不知道还可以向谁反映问题，技术人员和我们专业记者之间缺少沟通渠道，我们的需求估计他们也不完全了解。因此，很多想法无法通过技术落地。二是理念的问题，现在主流的信息分发模式是依靠算法精准推送，但我们领导还是按照人工推送的模式来要求我们，比如每天几点发送新闻、几点转发新闻，试图在部门内部形成新闻分发的矩阵，但我个人觉得，一条新闻能否到达用户，时间固然重要，但并不是第一位的，因为在海量信息面前，匹配用户需求且保证内容质量，我觉得更重要，这也是我和我领导之间在技术运用理念方面的差异。

对于信息伦理失范现象，从我个人的职业经历来说，我认为这是目前社会中很突出的问题。就报社或媒体而言，是靠真实信息立身的，若出现信息失真、信息偏差等问题，就是很严重的信息伦理失范问题，我觉得这主要是由工作人员工作失误、缺乏责任心，机制不健全，技术不成熟这些主客观原因造成的。我们现在每周二会有例会，除了讨论新闻选题，还会经常讨论相关伦理问题。每过一段时间，尤其是年中和年末，全报社或全行业还会组织传媒伦理与法规的培训，我基本都会参加。当然，信息伦理的发展任重道远，它是一个漫长而曲折的过程，全社会的道德共识和伦理机制的形成需要我们每个人不断努力，作为一个媒体人，我会为此一直努力。说到这里，我想分享一个经历，新冠疫情最艰难的那段时间，我除了要完成日常工作，还要进行疫情信息的整理。我们报社开设了求助专线，我接听了很多大众的求助电话，包括物质方面的求助和精神方面的求助，我要对这些信息进行汇总、求证，上报，等待反馈。最初由于被负面信息“包裹”，我自己的心态出了问题，每天很沮丧，加上受谣言、指责的影响，我真的想问这个世界还会好吗？但在接听几个心理求助电话后，我意识到，在不确定的时代，大众还信任我们，还需要我们，那一刻我觉得我们要做的就是通过传递信息让不确定变得确定，让不安变成信任，我觉得这也是信息伦理的价值所在。往大说，数字化生存正是通过信息传递与分享实现生者互助，建立关系与信任，这是一种信息共同体；往小说，信息伦理关乎每个个体的权益、尊严和活得更好的能力。

附录四　现象学观察记录

附表 1　现象学观察内容

序号	时间	地点	观察主题
1	2020-05-14	深圳华为终端总部	智慧城市、新技术下的数字化生存
2	2021-09-12	广州羊城创意产业园	“算法公园”展览，算法在信息领域的应用
3	2021-11-21	广州琶洲国际会展中心	元宇宙博览会（信息对生活的影响）
4	2021-12-10	南方报业传媒集团	内容运营（信息传播）
5	2022-11-22	广州天环广场	外卖骑手、平台与用户的信息交互行为
6	2023-01-04	广东省美术馆	“化作通变”主题展览

附录五　研究者现象学观察笔记（摘录）

2021 年 11 月 21 日

刚过 10 点，广州琶洲国际会展中心就已经人山人海。这次的博览会极具未来感和前瞻性，是首次举办的元宇宙博览会全方位展现了数字化生存方式下未来人们的生活状态。印象深刻的是，展厅进门右手边有一个巨大的 LED 屏幕，上面显示的是未来城市的数字基础设施。大到每一个建筑，小到每一个人，都实现了数字化信息化，所有场景与事物都可以被机器读取相关数据信息，利用这些数据信息，人们可以进一步探索现实世界，建立新的人际关系，并生产新的产品。……博览会中有很多数字体验产品，新技术之间的搭配形成了新的媒介组合，它为人们提供了多维度的信息。华为展出了全新的 VR 眼镜，我也去体验了一下，戴上眼镜我感觉进入了另一个世界，通过镜腿上的开关可以调节眼镜的亮度、音量，工作人员介绍说智能眼镜被视为未来人们生活必不可少的穿搭装备，是华为目前研发的重点产品之一，较好地体现了技术具身性。工作人员让我尝试幻想透过眼镜看到一个虚实结合的世界，这种依托数字孪生技术的元宇宙世界就是未来我们生活的世界。尽管我半信半疑，但我知道技术的确在飞速发展，那些看似遥不可及的智能化生存状态或许在不久的将来就可以实现。……在这里，我看到了很多“不可思议”的数字信息产品，我也向工作人员提出了我的疑问，如果人可以被随时随地地“读取”，那人存在的价值和意义是否会被重新定义？其实我想到的是技术发展与人的主体性问题、人的信息化与人的身份识别问题……

附录六 受访者主题反馈确认书

尊敬的研究参与者：

感谢您参与“智能时代的信息伦理与信息秩序建设”的研究，作为信息工作者、具有相关专业知识的学生或信息平台的深度用户，您以自身真实工作经历、知识感知和信息活动体验为研究提供了宝贵而丰富的材料。以下信息伦理失范现实主题是依据您的相关视点，经由笔者分析、总结、提炼而成的。为确保研究的信效度，保证笔者提炼出的智能时代信息伦理失范主题能够全面、真实地反映您日常信息伦理活动的全部内容，特邀您对以下主题及次主题进行再次确认（见附表 2）。您也可提出疑问，或帮助笔者进一步完善主题结构。

附表 2 智能时代的信息伦理失范现实

主题	次主题	是√否×	备注
信息开发中的伦理风险	信息开发过载，隐私侵犯屡见不鲜		
	算法黑箱、算法歧视、算法主义		
信息传播中的伦理风险	信息污染、信息偏差、信息鸿沟		
	个人信息流动与名誉管理双重挑战		
信息利用中的伦理风险	数字身份的建构与治理困境		
	个人数据所有权归属不清		
信息组织中的伦理风险	信息熵在信息自组织中的积聚 信息熵引发信息圈的结构风险		
信息异化风险	个人信息沉溺与主体能力丧失		

再次感谢您的参与，您的工作经历、知识感知和信息活动体验将为总结智能时代的信息伦理失范现实提供帮助，助力智能时代信息伦理的相关研究，为建设良好和谐的信息秩序提供宝贵的参考。

祝您生活愉快，工作顺心，更好地适应和把握当下的智能时代！

参考文献

［1］阿尔文·托夫勒. 第三次浪潮［M］. 黄明坚，译. 北京：中信出版社，2006.

［2］埃德加·莫兰. 伦理［M］. 于硕，译. 上海：学林出版社，2017.

［3］安德鲁·芬伯格. 技术体系：理性的社会生活［M］. 上海社会科学院科学技术哲学创新团队，译. 上海：上海社会科学院出版社，2017.

［4］戴维·申克. 信息烟尘：在信息爆炸中求生存［M］. 黄锫坚，朱付元，何芷江，译. 南昌：江西教育出版社，2001.

［5］丹·扎哈维. 胡塞尔现象学［M］. 李忠伟，译. 上海：上海译文出版社，2007.

［6］窦畅宇. 信息伦理与中国化马克思主义伦理思想新拓展［M］. 北京：光明日报出版社，2021.

［7］段伟文. 信息文明的伦理基础［M］. 上海：上海人民出版社，2020.

［8］樊浩. 伦理精神的价值生态［M］. 北京：中国社会科学出版社，2001.

［9］何怀宏. 伦理学是什么［M］. 北京：北京大学出版社，2002.

［10］凯文·凯利. 必然［M］. 周峰，董理，金阳，译. 北京：电子工业出版社，2016.

［11］李伦. 鼠标下的德性［M］. 南昌：江西人民出版社，2002.

［12］卢西亚诺·弗洛里迪. 信息伦理学［M］. 薛平，译. 上海：上海译文出版社，2018.

［13］卢西亚诺·弗洛里迪. 在线生活宣言：超连接时代的人类［M］. 成素梅，孙越，蒋益，等译. 上海：上海译文出版社，2018.

［14］卢西亚诺·弗洛里迪. 第四次革命［M］. 王文革，译. 杭州：浙江人民出版社，2016.

［15］卢西亚诺·弗洛里迪.计算与信息哲学导论［M］.刘钢，主译.北京：商务印书馆，2010.

［16］吕耀怀，等.数字化生存的道德空间：信息伦理学的理论与实践［M］.北京：中国人民大学出版社，2018.

［17］罗伯特·K.洛根.什么是信息［M］.何道宽，译.北京：中国大百科全书出版社，2019.

［18］马克·波斯特.信息方式：后结构主义与社会语境［M］.范静哗，译.北京：商务印书馆，2020.

［19］玛农·奥斯特芬.数据的边界：隐私与个人数据保护［M］.曹博，译.上海：上海人民出版社，2020.

［20］迈克尔·J.奎因.互联网伦理：信息时代的道德重构［M］.王益民，译.北京：电子工业出版社，2016.

［21］沙勇忠.信息伦理学［M］.北京：国家图书馆出版社，2004.

［22］数字原野工作室.有数：普通人的数字生活纪实［M］.广州：南方日报出版社，2022.

［23］万里鹏.信息生命周期：从本体论出发的研究［M］.北京：北京师范大学出版社，2015.

［24］王天恩.信息文明与中国发展［M］.上海：上海人民出版社，2021.

［25］望俊成.网络信息生命周期规律研究［M］.北京：科学技术文献出版社，2014.

［26］邬焜.信息哲学——理论、体系、方法［M］.北京：商务印书馆，2005.

［27］肖峰.信息时代的哲学新问题［M］.北京：中国社会科学出版社，2020.

［28］徐艺心.信息隐私保护制度研究：困境与重建［M］.北京：中国传媒大学出版社，2019.

［29］尤瑞恩·范登·霍文，约翰·维克特.信息技术与道德哲学［M］.赵迎欢，宋吉鑫，张勤，译.北京：科学出版社，2014.

［30］张金鹏.信息方式：后现代语境中的批判理论［M］.南京：江苏人民出版社，2012.

［31］郑根成.媒介载道——传媒伦理研究［M］.北京：中央编译出版社，2009.

后　记

本书是在我的博士学位论文的基础上修改而成的，也是国家社会科学基金重大项目“人工智能时代的新闻伦理与法规”（18ZDA308）阶段性成果。在成书过程中，我调整了之前的框架和思路，并增加了新的案例和内容。智能时代信息伦理的研究是复杂且长期的，它统一于共同的“树干”，但又有着清晰的“枝叉”：技术的伦理、数据的伦理、媒介的伦理、人类社会的伦理，在这一背景下，我们需要以信息伦理担当起人类数字化生存的命运。本书是我过去一段时间读书和思考的见证，希望能够更加清晰地展现信息伦理理论的面貌。

本书的研究和写作离不开我的博士生导师——暨南大学林爱珺教授的悉心指导。关于做学术，林老师有两句名言我始终铭记在心：一是“不急不躁、学术精妙”，任何一件事情的完成都需要时间的打磨，每一次向林老师请教问题，她都要求我对研究对象“追根溯源”“抽丝剥茧”“循序渐进”，既要立足现实解决问题，也要具有长远的眼光探索未来，我一直都被林老师这种“脚踏实地、仰望星空”的学术浪漫所激励和鼓舞。二是“快乐生活、快乐学术”，学术和生活既不对立，也不矛盾，两者相互借力、共同成就。感谢林老师，让我尝试走进学术，慢慢读懂生活，更重要的是不断探索和认识自己与这个世界。

感谢河南省社会科学院为我提供了一个专心做科研的平台，在这里总是能源源不断地汲取知识和能量。特别感谢为本书的出版提供无私帮助的河南省社会科学院的杨波研究员、刘兰兰副研究员、冯玺玲老师、李娜老师、李伟老师、白云老师，他们的帮助让本书得以面世。感谢暨南大学罗昕教授、曾一果教授、星亮教授，以及上海大学刘志杰副教授，感谢他们在我求学路上和本书写作过程中提供的帮助。

感谢我的爸爸妈妈，他们总是会尊重我的选择，包容我的负面情绪，让我在幸福中成长，在我心中你们就是最伟大的人。站在三十而立的节点，将这本书献给你们。另外，还要感谢我的好朋友们，谢谢他们让我感受着不同生活的酸甜苦辣，从这本书来说，他们带给了我很多关于生命、生活、人与万事万物伦理关系的诸多思考。感谢李仁杰、石麒、史金铭、王兴安、黄士、叶立、章梦天、张三石、蒋逸飞、殷雪涛、林璐、王可心、刘运红、翁子璇、钱伟浩、孙旖旎、陈冠名、任敏、闫红莹、高冠磊、郝宏杰、范婧怡、韩晓彤、韩牧云、马星、焦秉毅、胡志明、张志鹏、何逸涵、唐钰龙、韩奇、周游。

我很期待未来更加智能的数字化生存状态，但也想提醒自己不要丧失主体性，不忘初心。记得《宇宙探索编辑部》的结尾有一段值得回味的文字，我想放在此处，激励自己未来继续进行信息伦理的研究。“如果宇宙是一首诗的话，我们每个人都是组成这首诗的一个个文字，我们繁衍不息、彼此相爱，然后我们这一个个字就变成了一个又一个的句子，这首诗就能一直写下去了。当这首诗写得足够长，总有一天我们可以在这首宇宙之诗里，懂得我们存在的意义”。人生路漫漫，阴天过后总有晴天，苦涩回味也必有回甘，本书是结点，也是起点，由于学识和能力有限，书中难免有不妥之处，恳请各位专家学者批评指正。而我关于信息伦理的研究还会继续向前，步履不停！

陈亦新

2025 年写于河南省社会科学院